Raphael Hartwig

Optimierter Multilevel-GaN-Umrichter für Niederspannungsindustrieanwendungen

Optimierter Multilevel-GaN-Umrichter für Niederspannungsindustrieanwendungen

Raphael Hartwig

Universitätsverlag Ilmenau
2023

Impressum

Bibliografische Information der Deutschen Nationalbibliothek

Die Deutsche Nationalbibliothek verzeichnet diese Publikation in der Deutschen Nationalbibliografie; detaillierte bibliografische Angaben sind im Internet über http://dnb.d-nb.de abrufbar.

Diese Arbeit hat der Fakultät für Elektrotechnik und Informationstechnik der Technischen Universität Ilmenau als Dissertation vorgelegen.

Tag der Einreichung:	22. April 2022
1. Gutachter:	Priv.-Doz. Dr.-Ing. habil. Thomas Ellinger (Technische Universität Ilmenau)
2. Gutachter:	Univ.-Prof. Dr.-Ing. Hans-Günter Eckel (Universität Rostock)
3. Gutachter:	Prof. Dr. Leo Lorenz (EPCE e. V. Nürnberg)
weiterer Gutachter:	Dr.-Ing. Alexander Hensler (Siemens AG Erlangen)
Tag der Verteidigung:	14. Dezember 2022

Technische Universität Ilmenau/Universitätsbibliothek
Universitätsverlag Ilmenau
Postfach 10 05 65
98684 Ilmenau
https://www.tu-ilmenau.de/universitaetsverlag

ISBN 978-3-86360-275-8 (Druckausgabe)
DOI 10.22032/dbt.57451
URN urn:nbn:de:gbv:ilm1-2022000591

Titelfoto: photocase.com | AlexFlint

Vorwort

Die vorliegende Dissertation entstand während meiner Beschäftigung als Doktorand bei der Siemens AG am Standort Erlangen.

Mein besonderer Dank richtet sich an Herrn PD Dr.-Ing. habil. Thomas Ellinger für die Möglichkeit der Erstellung dieser Dissertation. Ich danke ihm für den regelmäßigen Austausch und die fachlichen Impulse, insbesondere im Bereich theoretischer Fragestellungen.

Besonders danken möchte ich Herrn Dr.-Ing. Alexander Hensler für die fachliche Betreuung innerhalb der Siemens AG. Im Rahmen zahlreicher Diskussionen ergaben sich stets neue Betrachtungsweisen und wertvolle Lösungsansätze. Nicht nur, aber besonders im Bereich der Hardware konnte ich jederzeit von seiner langjährigen Erfahrung profitieren.

Mein besonderer Dank richtet sich an Herrn Prof. Dr.-Ing. Leo Lorenz für die Bewertung der Arbeit und die Erstellung eines Gutachtens. Ich danke ihm besonders für sein Interesse an meiner Arbeit und die konstruktiven Gespräche, welche mir stets neue Denkanstöße gaben.

Besonders möchte ich mich bei Herrn Prof. Dr.-Ing. Hans-Günter Eckel für die kurzfristige Erstellung eines Gutachtens bedanken.

Ich möchte mich auch bei meinen Kollegen für die bereitwillige Hilfe während meiner Promotion bedanken. Zudem danke ich Carina Primas, die mich im Rahmen ihrer Bachelorarbeit unterstützt hat. Sehr herzlich möchte ich mich auch für das Korrekturlesen der Arbeit bei Dr.-Ing. Hubert Schierling, Florian Schwarz, Hermann Gailler, Annemarie Thenn und Tobias Meyer bedanken.

Persönlich danke ich meiner Familie, meinen engsten Freunden und besonders meiner Freundin Franziska Bayer, ohne deren Rückhalt und Unterstützung diese Arbeit nicht möglich gewesen wäre.

Kurzfassung

Das große Bauvolumen aktueller industrieller dreiphasiger Zweilevel-Netzumrichter und die damit verbundene geringe Leistungsdichte wird hauptsächlich durch den notwendigen EMV-Filter hervorgerufen. Aktuelle Veröffentlichungen zur Flying-Capacitor-Multilevel-Topologie zeigen das enorme Potential dieser Topologie im Hinblick auf kompakte EMV-Filter und eine damit verbundene hohe Leistungsdichte des gesamten Umrichters. Das Ergebnis dieser Arbeit zeigt, wie der Flying-Capacitor-Multilevel-Umrichter in Kombination mit GaN-Schaltern für Niederspannungsindustrieanwendungen aussehen kann.
Auf Basis der benötigten Komponenten eines solchen Umrichters wird zunächst eine Monte-Carlo Optimierung angefertigt. Die Ergebnisse dieser Optimierung zeigen einen Bereich für die elektrischen Parameter auf, in welchem eine größtmögliche Leistungsdichte und Effizienz für diesen Umrichter erzielt werden kann. Beruhend auf den Ergebnissen werden unterschiedlichste Hardwareprototypen, startend von der einzelnen Kommutierungszelle bis hin zum dreiphasigen Umrichter, vorgestellt.
Untersuchungen an diesen Prototypen zeigen, dass es für die hohen resultierenden Schaltfrequenzen des dargestellten Umrichters noch einige unerforschte Effekte gibt. Diese beruhen zum Teil auf kleinsten parasitären Komponenten der Leiterplatte, oder der verwendeten Bauteile und können die Ausgangskennlinien des Umrichters stark beeinträchtigen. Mittels einer Simulation des Umrichters am Netz wird zudem validiert, dass ein solcher Umrichter mit einem dynamischen geschlossenen Regelkreis, wie er in Zweilevel-Umrichtern eingesetzt wird, betrieben werden kann. Überdies werden die typischen Betriebsbedingungen eines industriellen Umrichters theoretisch betrachtet, simuliert und validiert. Die Ergebnisse dieser Arbeit zeigen, dass die Topologie des Flying-Capacitor-Multilevel-Umrichters in Kombination mit GaN-Schaltern zu einer Verbesserung der Leistungsdichte, der Verluste und der Dynamik jeweils um Faktoren führen kann.

Abstract

The volume of industrial three-phase two level grid connected inverters suffers from large EMI filters which harm the overall power density. Recent publications based on the flying capacitor multilevel topology show the tremendous potential of this topology for compact EMI filters and a high resulting power density of the whole inverter.

The results of this work show how such a flying capacitor multilevel inverter could look like for an industrial low voltage application. In the first section of this work the required components and a monte carlo optimization of such an inverter are presented. The outcome of this optimization shows a feasible area of electrical parameters which lead to the highest possible power density and inverter efficiency. Based on these results different hardware prototypes starting from a commutation cell up to a three-phase inverter where designed. Investigations at these prototypes show that there are still several unexplored effects for the high resulting switching frequency of these prototypes. These effects are often based on smallest parasitics of the printed circuit board or attached electrical components. These small parasitics can have a huge impact on the output waveform of the inverter.

It is also validated by a simulation that it is possible to operate such a grid connected inverter with a dynamic closed loop control used conventional in two level inverters. In addition the typical operation conditions of an industrial inverter are theoretical investigated, simulated and validated.

The results of this work show that the flying capacitor topology in combination with GaN switches could lead to an enhanced power density, reduced losses and increased dynamic by factors.

Inhaltsverzeichnis

Abbildungsverzeichnis

Tabellenverzeichnis

Verzeichnis der Abkürzungen und Symbole

Abkürzungen

AC	Alternating Current, engl. Wechselstrom
CM	Common Mode, engl. Gleichtakt
CSPI	Cooling System Performance Index
DC	Direct Current, engl. Gleichstrom
DM	Differential Mode, engl. Gegentakt
EMV	Elektromagnetische Verträglichkeit
FFT	Fast Fourier Transform, engl. schnelle Fourier-Transformation
FPGA	Field Programmable Gate Array, engl. Programmierbare Logik-Gatter-Anordnung
GaN	Galliumnitrid
GND	Ground, engl. Erdung
HANPC	Hybrid Active-Neutral-Point-Clamped
HF	High Frequency, engl. Hochfrequenz
LISN	Line Impedance Stabilization Network, engl. Netznachbildung
PCC	Point of Common Coupling
PI	Proportional wirkend Integral wirkend
PSPWM	Phase-Shifted-PWM
PWM	Pulsweitenmodulation
Si	Silizium
SiC	Siliziumcarbid
SMD	Surface-Mounted Device, engl. Oberflächenmontiertes Bauelement
THT	Through-Hole Technology, engl. Durchsteckmontage
VSM	Voltage Sensing Module
ZVS	Zero Voltage Switching, engl. Spannungsloses Schalten

Symbole

$[\mathbf{A}]$	System-Matrix
A_{mn}	Koeffizient zur Berechnung der Fourierreihe gemäß Lit. [1]
Att_{Req}	Benötigte Dämpfung
Att_{Filter}	Dämpfung des EMV-Filters
B	Magnetische Flussdichte
$[\mathbf{B}]$	Eingangs-Matrix
B_{mn}	Koeffizient zur Berechnung der Fourierreihe gemäß Lit. [1]
C	Kapazität
C_{CM1}	CM-Kapazität der ersten Filterstufe
C_{CM2}	CM-Kapazität der zweiten Filterstufe
C_{DC}	Kapazität des Zwischenkreises
C_{DM1}	CM-Kapazität der ersten Filterstufe
C_{DM2}	CM-Kapazität der zweiten Filterstufe
$C_{FC,i}$	Kapazität des jeweiligen Flying-Capacitors
C_{FCMin}	Minimale benötigte Kapazität des jeweiligen Flying-Capacitors
C_{Oss}	Ausgangskapazität des GaN-Schalters
$C_{Oss,ref}$	Referenzwert der Ausgangskapazität des GaN-Schalters
$C_{Oss,Uin}$	Wert der Ausgangskapazität des GaN-Schalters bei der anliegenden Spannung
E_C	Gespeicherte Energie in der Kapazität
E_{Coss}	Gespeicherte Energie in der Ausgangskapazität
E_{FC}	Gespeicherte Energie im Flying-Capacitor
E_L	Gespeicherte Energie in der Strom-Glättungsdrossel
E_{RR}	Gespeicherte Energie des Reverse-Recovery-Verhaltens
f_{Car}	Frequenz des Trägersignals PSPWM und Schaltfrequenz eines Schalters
f_G	Grenzfrequenz des Filters
f_N	Netzfrequenz
f_S	Resultierende Schaltfrequenz am Ausgang
H	Magnetische Feldstärke
i	Wert der gewählten Spannungsstufe und Bezeichnung für die gewählte Phase
I	Strom
I_{DS}	Drain-Source-Strom
i_{Last}	Laststrom

I_{LMax}	Maximaler Laststrom im Überlastfall
I_S	Strom durch den Schalter
j	Iteration der Monte-Carlo-Optimierung
J_n	Besselfunktion n-te Ordnung
K	Faktor für die Temperaturberechnung
L	Induktivität
L_{DM1}	DM-Induktivität der ersten Filterstufe
L_{DM2}	DM-Induktivität der zweiten Filterstufe
m	Anzahl der parallelen Schalter (Kapitel 2)
m	Harmonische Koeffizienten Modulationssignal (Kapitel 3)
M	Modulationsindex
n	Harmonische Koeffizienten Trägersignal
N	Anzahl der Spannungslevel
P_{Cond}	Verluste während des eingeschalteten Zustandes
P_{Coss}	Verluste zum Umladen der Ausgangskapazität
P_{DCDC}	Benötigte Leistung des DC-DC-Übertragers
P_G	Verluste zum Umladen des Gates
P_{Off}	Verluste während des Ausschaltvorgangs des Schalters
P_{On}	Verluste während des Einschaltvorgangs des Schalters
P_{RR}	Verluste aufgrund der Reverse-Recovery-Verhaltens
P_S	Gesamtverluste des Schalters
$P_{SD,off}$	Verluste während des Ausschaltvorgangs der Source-Drain-Leitung
$P_{SD,on}$	Verluste während des Einschaltvorgangs der Source-Drain-Leitung
Q_G	Gateladung
Q_{GD}	Gate-Drain-Ladung
Q_{GS}	Gate-Source-Ladung
Q_{GS2}	Anteil der Gate-Source-Ladung welcher benötigt wird um das Gate von der Threshold-Spannung auf die Plateau-Spannung umzuladen
Q_{Oss}	Ladung der Ausgangskapazität
Q_{RR}	Reverse-Recovery-Ladung
R_{DSon}	Interner Widerstand während des eingeschalteten Zustandes
R_{Goff}	Ausschaltwiderstand
R_{Gon}	Einschaltwiderstand
R_{Last}	Lastwiderstand
S	Schalter
$s_{d,k}$	k-te Schaltdifferenzfunktion
s_k	k-te Schaltfunktion

t	Zeit
T	Zeitschrittweite
t_{Aus}	Zeit des ausgeschalteten Zustandes
t_{Delay}	Delay-Zeit vor dem Einschalten des Schalters
t_{Ein}	Zeit des eingeschalteten Zustandes
t_{SD}	Zeitperiode, in welcher der Schalter im ausgeschalteten Zustand rückwärtsleitfähig ist
T_{Osz}	Periodendauer der hochfrequenten Schwingung, welche durch die Kommutierung angeregt wird
U	Spannung
$U_{CM,fs}$	Maximale Störung CM-Spannung, welche an der Stelle der Schaltfrequenz auftritt
U_{DC}	Spannung am Zwischenkreises
$U_{DM,fs}$	Maximale Störung DM-Spannung, welche an der Stelle der Schaltfrequenz auftritt
U_{DR}	Spannung des Treibers
U_{DS}	Spannung zwischen Drain-Source
$U_{DS,ref}$	Referenzspannung der Drain-Source-Spannung aus dem Datenblatt für die Angabe der Ausgangskapazität
U_{FC}	Spannung des Flying-Capacitor-Umrichters
U_{FCi}	Spannung am Flying-Capacitor i
u_{Last}	Spannung an der passiven Last anliegt (entspricht der gefilterten Ausgangsspannung des Umrichters)
U_N	Spannung des Netzes
U_{NLL}	Leiter-Leiter-Spannung des Netzes
U_{PL}	Plateau-Spannung des Schalters
u_S	Geschaltete Ausgangsspannung (Kapitel 2)
u_S	Spannung am Schalter (Kapitel 3)
$u_{Schalter,i}$	Spannung am Schalter i (falls nur eine Schalterspannung dargestellt wird)
U_{SD}	Spannung zwischen Source-Drain (Spannungsabfall während der Rückwärtsleitung im ausgeschalteten Zustand)
$U_{S,i}$	Spannung am Schalter i (falls alle Schalterspannungen dargestellt werden)
U_{TH}	Threshold-Spannung, engl. / Schwellenspannung des Schalters
u_0	Nullkomponente der Spannung des Flying-Capacitor-Umrichters

$u_{0,\sim}$	Hochfrequenter Anteil der Nullkomponente der Spannung des Flying-Capacitor-Umrichters
$u_{0,avg}$	Niederfrequenter Anteil der Nullkomponente der Spannung des Flying-Capacitor-Umrichters
$u'_{FC,i}$	Spannung einer Phase des Flying-Capacitor-Umrichters ohne Nullkomponente
$u'_{FC,i,\sim}$	Hochfrequenter Anteil der Spannung einer Phase des Flying-Capacitor-Umrichters ohne Nullkomponente
$u_{FC,i}$	Spannung einer Phase des Flying-Capacitor-Umrichters
$u'_{FC,i,avg}$	Niederfrequenter Anteil der Spannung einer Phase des Flying-Capacitor-Umrichters ohne Nullkomponente
$u_{FC,i,\sim}$	Hochfrequenter Anteil der Spannung einer Phase des Flying-Capacitor-Umrichters
$u_{FC,i,avg}$	Niederfrequenter Anteil der Spannung einer Phase des Flying-Capacitor-Umrichters
V	Volumen
w_m	Magnetische Energiedichte
W_m	Im Magnetfeld gespeicherte Energie
$\underline{x}$	Zustandsvektor
Z	Scheinwiderstand
ΔI	Stromrippel
ΔU_{FC}	Spannungsrippel an einem Flying-Capacitor
Δu	Differenzspannung in der Lastflussberechnung
μ	Magnetische Permeabilität
μ_0	Magnetische Permeabilität des Vakuums
Φ_0	Phasenverschiebung Modulationssignal
$\Phi_{C,k}$	Phasenverschiebung Trägersignal
$\psi_{m,n}$	Phasenlage des Scheinwiderstandes
ω_0	Winkelgeschwindigkeit Modulationssignal
ω_C	Winkelgeschwindigkeit Trägersignal

Kapitel 1

Einleitung

Der Fachbereich der Leistungselektronik befindet sich derzeit in einem Umbruch. Aufgrund von Wide-Bandgap-Schaltern ist es möglich, die Schaltfrequenz moderner Umrichter bei gleichbleibenden oder niedrigeren Verlusten zu erhöhen. Eine solche Vergrößerung der Schaltfrequenz war schon immer ein Katalysator für Leistungssteigerung bei gleichzeitiger Volumenreduktion [2]. Es wird sogar angenommen, dass die Galliumnitrid (GaN-) Technologie nicht nur einen Einfluss auf die Effizienz und die Leistungsdichte hat [2]. Diese Technologie könnte nicht nur einen tiefgreifenden Einfluss auf den gesamten Entwurfsprozess von leistungselektronischen Komponenten haben, sondern sogar einen vollständigen Paradigmenwechsel in der Leistungselektronik hervorrufen. Sieben Jahre nach dem Entstehen der Veröffentlichung [2] hat sich GaN im Markt zweifellos etabliert. Zumindest im Bereich der Handyladegeräte gibt es Angebote für 65 W-Geräte auf Basis der GaN-Technologie zu einem Preis von weniger als 25 $ [3]. Diese Geräte haben zum Teil bei Nennlast eine Verlustreduktion von 50 %, was einen enormen Einfluss auf die Kühlung und die Leistungsdichte ermöglicht. Die GaN-Technologie schafft es folglich, eine Verbesserung in den gesamten elektrischen, thermischen und baugrößenbezogenen Charakteristiken der Handyladegeräte hervorzurufen. Es stellt sich die Frage, wieso im industriellen Umfeld nahezu keine GaN-Umrichter vorhanden sind. Ein Grund hierfür ist sicherlich, dass ein Großteil der aktuell verfügbaren GaN-Bauelemente lediglich eine maximale Nennspannung von 650 V besitzt. Da die Spannung am Zwischenkreis und somit auch die geschaltete Spannung eines Standard Zweilevel-Umrichters typischerweise bis zu 800 V erreicht, ist ein direkter Austausch der Schalter nicht ohne Weiteres möglich. Es gibt allerdings Umrichtertopologien, die eine Verwendung von GaN-Schaltern mit einer niedrigeren Spannung zulassen. Dieses Projekt befasst sich genau mit einer solchen Topologie, welche zudem noch weitere Vorteile für den Entwurf des gesamten Umrichters aufweist.

1.1 Einführung in die Thematik

Idealerweise sollen industrielle Antriebe und somit auch der zugehörige Schaltschrank kompakter werden, während die Energieeffizienz zusätzlich ansteigt. Diesem Wunsch liegen beispielsweise industrielle Anwendungen wie die Traktion eines Regalbediengerätes zu Grunde. In diesem befindet sich der Schaltschrank auf dem bewegten Teil der Anlage. Somit müssen alle notwendigen Geräte des Antriebsstrangs dauerhaft beim Positionieren mit transportiert werden. Das Volumen und das Gewicht der Komponenten sind daher maßgeblich für die Maximalleistung, den Gesamtwirkungsgrad und die Realisierbarkeit der Anlage verantwortlich. Der Wunsch nach einer höheren Leistungsdichte und einem geringeren Gewicht ist jedoch für alle industriellen Anwendungen gegeben. Wie im vorherigen Abschnitt beschrieben, wird dieses Ziel normalerweise über eine erhöhte Schaltfrequenz erreicht. Aus deren Erhöhung resultiert allerdings, bei sonst gleichbleibenden Komponenten, auch ein Anstieg der Schaltverluste in den Leistungshalbleitern. Dadurch sinkt der Gesamtwirkungsgrad der Anlage und der Kühlaufwand steigt. Um das genannte Ziel trotzdem zu erreichen, wird eine Verbesserungen auf der Bauteilebene notwendig, oder es sind Innovationen im Bereich der Schaltungstechnik erforderlich. Im industriellen Umfeld fokussieren sich die meisten aktuellen Forschungen auf die Siliziumkarbid-Technologie (SiC-Technologie). Mit den SiC-Halbleitern hat man ähnlich wie bei den GaN-Halbleitern im Vergleich zu herkömmlichen Silizium-Schaltern (Si-Schaltern) geringere Verluste. Da es SiC-Schalter mit einer Nennspannung von 1200 V gibt, ist ein einfacher Austausch bei gleichbleibender Verschaltung möglich. Die theoretischen Schaltverluste bei Verwendung der SiC-Technologie sind allerdings höher als bei Verwendung der GaN-Technologie. Da infolgedessen ein noch größeres Potential bei der GaN-Technologie gesehen wird, muss die Verschaltung (Umrichtertopologie) angepasst werden. Im Hinblick auf die Verschaltung gab es für aktiv schaltende industrielle Einspeisungen innerhalb der letzten Jahrzehnte keine signifikante Innovation. Dieser Fakt führt zu der Annahme, dass ein massives Optimierungspotential für industrielle Umrichter mit der Verwendung von GaN-Schaltern und einer Multilevel-Topologie besteht.

1.2 Stand der Technik

1.2.1 Vergleich zwischen der konventionellen Zweilevel-Topologie und der Multilevel-Topologie

Eine industrielle Einspeisung wird an das dreiphasige Netz angeschlossen um die dreiphasige Wechselspannung für den Zwischenkreis gleich zu richten. Dieses Gleichrichten erfolgt in taktenden industriellen Einspeisungen derzeit mit Hilfe einer Zweilevel-Topologie. Die geschaltete Spannung eines solchen Umrichters ist in Abb. 1.1 dargestellt.

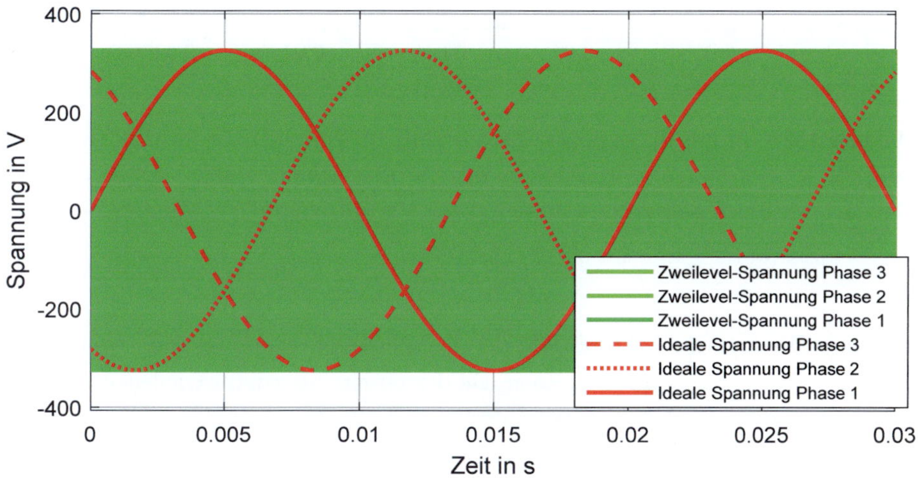

Abbildung 1.1: Prinzipielle Ausgangsspannung eines Zweilevel-Umrichters für eine Schaltfrequenz von 8 kHz. Die geschalteten Spannungen der Phasen überlagern sich, weshalb lediglich eine Phase im Vordergrund erscheint.

Der maßgebliche Unterschied zwischen einem Zweilevel-Umrichter und einem Multilevel-Umrichter ist die stufenweise Ausgangsspannung (siehe Abb. 1.2). Ein konventioneller Zweilevel-Umrichter kann zwischen zwei Spannungspotentialen schalten. Die Ausgangsspannung kann dementsprechend ein positives oder ein negatives Spannungspotential besitzen, wenn das Bezugspotential der Mittelpunkt des Zwischenkreises ist. Mit Hilfe der Leistungshalbleiter wird zwischen diesen beiden Spannungspotentialen pulsförmig geschaltet. Durch eine Variation der Pulsbreite ist es möglich, den Anteil zwischen dem positiven und dem negativen Spannungspotential anzupassen. Die Differenz zwischen dem positiven und dem negativen Spannungspotential entspricht der Zwischenkreis-

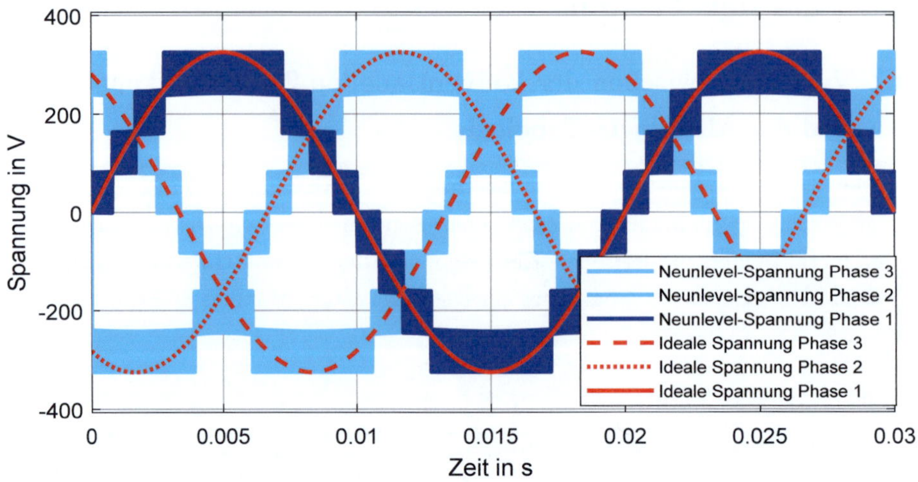

Abbildung 1.2: Prinzipielle Ausgangsspannung eines Multilevel-Umrichters am Beispiel eines Neunlevel-Umrichters mit 800 kHz Schaltfrequenz. Die Spannungen geben den idealen sinusförmigen Verlauf aufgrund der unterschiedlichen Spannungsstufen genauer wieder.

spannung. Die maximale Amplitude der Zwischenkreisspannung muss von beiden Leistungshalbleitern geschaltet werden. Da der Großteil der industriellen Anwendungen dreiphasig ist, wird diese Verschaltung in dreifacher Ausführung benötigt. Im Gegensatz zu einem Zweilevel-Umrichter besitzt ein Multilevel-Umrichter die Möglichkeit zwischen mehreren unterschiedlichen Spannungspotentialen zu wählen. Die geschaltete Ausgangsspannung ist somit stufenförmig und bildet den ideal sinusförmigen Verlauf besser ab. Zusätzlich ist es möglich, eine erhöhte Ausgangsschaltfrequenz zu erzielen, ohne die Frequenz am einzelnen Schalter zu erhöhen, falls die Schalter interleaved (engl. zueinander versetzt) geschaltet werden. Mit den genannten Maßnahmen wird der ideal sinusförmige Spannungsverlauf wesentlich genauer nachgebildet.

In Abb. 1.3 ist ein Vergleich zwischen der theoretischen geschalteten Spannung eines Standard Zweilevel-Umrichters und dem theoretischen Spannungsverlauf des entwickelten Neunlevel 800 kHz Multilevel-Umrichters dargestellt. Hierfür ist lediglich eine Schaltperiode des Zweilevel-Umrichters abgebildet. Während einer Schaltperiode des Zweilevel-Umrichters hat der Multilevel-Umrichter bereits hundertmal geschaltet. Diese Schalthandlungen finden zudem mit einer achtmal kleineren Spannungsamplitude

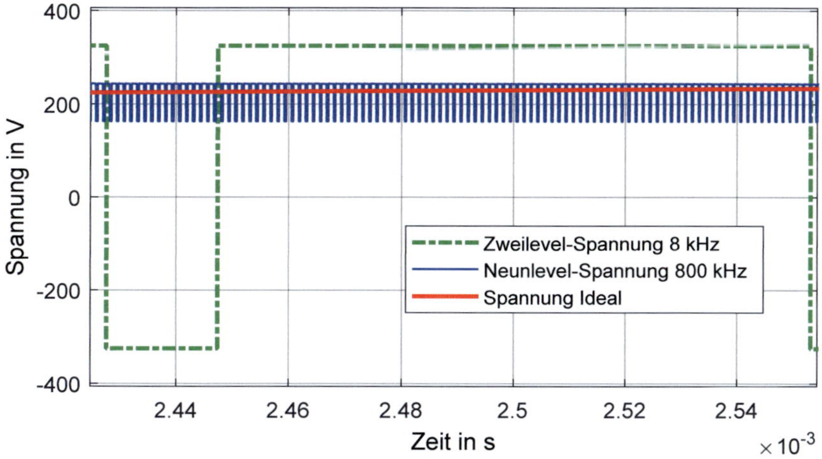

Abbildung 1.3: Detailansicht einer Schalthandlung der Ausgangsspannung eines Standard Zweilevel-Umrichters mit einer Schaltfrequenz von 8 kHz, verglichen mit einem Neunlevel-Umrichter, der mit einer Schaltfrequenz von 800 kHz betrieben wird.

statt. Daher wird bei einem solchen Multilevel-Umrichter der Filteraufwand extrem reduziert. Dies führt auch zu einer maßgeblichen Reduktion des Volumens der Strom-Glättungsdrossel beziehungsweise des gesamten EMV-Filters. Es ist anzunehmen, dass diese Bestrebung eines reduzierten Filteraufwandes zukünftig zunehmen wird, da beispielsweise die Materialpreise für Kupfer und Eisen bereits in den letzten Jahren stetig angestiegen sind. Zusätzlich werden die GaN-Halbleiter derzeit effizienter, kleiner und auch günstiger. Aus diesem Grund ist es anzunehmen, dass die Kosten für die Schalter auch zukünftig im Gegensatz zu den Filterkomponenten eine fallende Tendenz aufweisen.

1.2.2 Aktuelle Forschungen zum Flying-Capacitor-Multilevel-Umrichter für Niederspannungsanwendungen

Multilevel-Umrichter für Niederspannungsanwendungen sind Fokus einiger Forschungseinrichtungen. Dieses Kapitel dient zur Erarbeitung einer Übersicht der wissenschaftlichen Veröffentlichungen zu diesem Themenkomplex. Der Großteil dieser Veröffentlichungen ist in der Tab. 1.1 aufgelistet. Es sind lediglich solche aufgeführt, die einen Leistungsbereich zwischen 1 kW und 15 kW besitzen und eine Effizienz größer als 97,5 % erzielen. An dieser Stelle sei erwähnt, dass bei einem Großteil ([4],[5],[6],[7],[8],[9],[10],[11],[12]) dieser Publikationen Professor C.N. Pilawa-Podugursky als Koautor genannt ist. Dieser hat die Thematik des Flying-Capacitor-GaN-Multilevel-Umrichters maßgeblich geprägt und vorangetrieben.

Tabelle 1.1: Aktuelle Veröffentlichungen zu Flying-Capacitor-Niederspannungs-Prototypen

Veröffentlichung	Leistung	Level	Schalt-frequenz	Effizienz	Leistungs-dichte	Jahr
Lei [4]	2 kW	7-U	720 kHz	97,6 %	13,2 kW/l	2016
Qin [5]	1,5 kW	7-U	900 kHz	99,07 %	29,9 kW/l	2018
Barth [6],[7]	3,1 kW	13	1,4 MHz	98,3 %	-	2016/19
Anderson [13]	12,5 kW	7-H	48 kHz	99,4 %	3,4 kW/l	2018
Modeer [8]	1 kW	9	800 kHz	98 %	-	2017
Pallo [9],[10],[11]	9,7 kW	9	960 kHz	98,6 %	35,3 kW/l	2017/18
Pallo [12]	13.4 kW	10	>1 MHz	98,6 %	17,4 kW/l	2020
Anderson [14]	2 kW	7	180 kHz	99,03 %	15,8 kW/l	2021

U = Unfolder; H = HANPC

Aus Tab. 1.1 geht hervor, dass besonders in den letzten Jahren ein verstärktes Interesse zu diesem Thema aufgetreten ist. Die ersten Veröffentlichungen aus diesem Bereich wurden vor fünf Jahren publiziert, wobei die meisten wissenschaftlichen Fachbeiträge erst während des Zeitraumes dieser Promotion entstanden sind.

Die Publikation [4] aus dem Jahr 2016 ist eine der ersten Veröffentlichung aus dem Bereich Flying-Capacitor-Multilevel-Umrichter für Niederspannungsanwendungen. Hier wird ein Prototyp beschrieben, welcher eine Leistung von 2 kW übertragen kann und auf die Anforderungen der Little-Box-Challange von Google unter Beachtung der IEEE-Spezifikationen ausgelegt wurde. Als zukünftiges Anwendungsgebiete werden die Verwendung als kompakter einphasiger Solarwechselrichter oder einphasiger Wechselrichter für Haushaltsgeräte genannt. Dieser Umrichter verwendet wie in nahezu allen aufgelisteten Veröffentlichungen (ausgenommen [14]) GaN-Schalter, um die Verluste gering zu halten. Es wurde eine Siebenlevel-Topologie mit einem Unfolder am Ausgang realisiert. Dieser schaltet jeweils mit der doppelten Netzfrequenz und ermöglicht dadurch bei gleichbleibenden Komponenten eine theoretische Verdopplung

(Spannungspotential bei Null Volt ausgenommen) auf 13 Spannungslevel. Die Schaltfrequenz am Ausgang des Umrichters beträgt 720 kHz und es wird eine maximale Effizienz von 97,6 % für den gesamten Umrichter erreicht. Die Leistungsdichte des Gerätes beträgt 12,3 kW/l.

In den Veröffentlichungen [6] und [8] wird das Grundkonzept eines einphasigen Flying-Capacitor-Umrichters ohne Unfolder dargestellt. Es werden 13 beziehungsweise neun Spannungslevel verwendet, um die DC-Spannung zu schalten. Die Schaltfrequenz beträgt 1440 kHz bzw. 800 kHz. Leistungsmäßig befinden sich die Prototypen mit einer einphasigen Anwendung von 3,1 kW und 1 kW im niedrigen Bereich, was auch an der niedrigen Kapazität der Flying-Capacitors erkennbar ist. Als maximaler Wirkungsgrad wird eine Effizienz von 98 % bzw. 98,3 % angegeben. Die Veröffentlichung [7] befasst sich mit einem identischen Prototypen wie in Veröffentlichung [6], wobei der Fokus auf einer vereinfachten Regelungstopologie für die Spannungen der Flying-Capacitors liegt. In dieser Regelung wird jede Flying-Capacitor-Spannung gemessen und mit dem Sollwert verglichen. Tritt eine Abweichung auf, wird das Tastverhältnis des jeweiligen Schalters angepasst und die Kondensatoren werden folglich stärker geladen oder entladen.

In der Veröffentlichung [5] aus dem Jahr 2018 wird eine einphasige Anwendung als PFC beschrieben. Es wird lediglich eine sehr kleine Leistung von maximal 1,5 kW übertragen und erneut eine Siebenlevel-Topologie mit Unfolder verwendet. Bei einer reduzierten Leistung wird ein maximaler Wirkungsgrad von 99,07 % erreicht. Die resultierende Schaltfrequenz am Ausgang beträgt 900 kHz und es wird eine Leistungsdichte von 29,9 kW/l erzielt. In dieser Applikation ist zudem eine Regelung für die einphasige Anwendung implementiert. In den publizierten experimentellen Ergebnissen ist bei Arbeitspunkten im oberen Leistungsbereich (0,6 kW beziehungsweise 1,3 kW) im Bezug auf die Nennleistung ein hoher Spannungsrippel auf den Stufen der Ausgangsspannung zu verzeichnen.

Die Publikationen [9],[10] und [11] beschreiben primär das Design einer niederinduktiven Kommutierungszelle und deren Applikation in einem Neunlevel-Umrichter mit einer Schaltfrequenz von 960 kHz, einer Leistung von 9,7 kW und einem maximalen Wirkungsgrad von 98,6 %. Dabei sind die Randbedingungen stark vergleichbar mit den zuvor beschriebenen Veröffentlichungen.

In der Veröffentlichung [12] aus dem Jahr 2020 wird eine Anwendung als Motorumrichter für die Elektromobilität beschrieben. Dieser besitzt einen maximalen Wirkungsgrad von 98,6 % und eine maximale Leistung von 13 kW bei einer Zwischenkreisspannung von 1000 V. Es wird eine Zehnlevel-Topologie verwendet und eine resultierende Schaltfrequenz oberhalb von einem Megahertz. Der realisierte Prototyp wird einphasig betrieben und erreicht eine Leistungsdichte von 17,4 kW/l. In der Veröffentlichung wird außerdem noch der einphasige Vorladeprozess der Flying-Capacitors beschrieben. Zudem werden Messergebnisse eines Anlaufvorgangs im vorgeladenen Zustand dargestellt. In dem Anlaufvorgang wird ein rampenförmiger Anstieg des Stromes und der Spannung auf eine Leistung von 5 kW gezeigt. Die Dynamik dieses Vorganges ist mit 200 ms allerdings sehr gering.

In der Publikation [14] wird ein Siebenlevel Flying-Capacitor-Umrichter vorgestellt. Dieser wird mit einer Schaltfrequenz von 180 kHz betrieben und erreicht einen maximalen Wirkungsgrad von 99,4 %. Die Leistung des Prototyps liegt lediglich bei 2 kW bei einer Leistungsdichte von 15,8 kW/l. Der Prototyp ist einphasig und besitzt einen Leistungsfluss von der DC- zur AC-Seite.

Demgegenüber befasst sich die Veröffentlichung [13] mit einem dreiphasigen Prototypen der eine Flying-Capacitor-HANPC Topologie benutzt. In dieser werden ähnlich wie in Veröffentlichung [4] niederfrequente Schalter eingesetzt, was zu einer Vergrößerung der Stufenanzahl in der Ausgangsspannung führt. Dieser Prototyp ist der einzige, welcher ausschließlich Si-Mosfets verwendet. Die Schaltfrequenz muss folglich wesentlich niedriger gewählt werden, um trotzdem einen hohen Wirkungsgrad zu erzielen. Die resultierende Schaltfrequenz beträgt demnach 48 kHz. Es wird ein maximaler Wirkungsgrad von 99,4 % erzielt. Eine Besonderheit ist die Verwendung von Folienkondensatoren als Flying-Capacitors, was aufgrund der niedrigen Schaltfrequenz möglich ist. Die Leistungsdichte des gesamten Umrichters beträgt 3,4 kW/l mit einer dreiphasigen Maximalleistung von 12,5 kW.

Der Großteil der genannten Veröffentlichungen erreicht aufgrund des flachen Aufbaus und der hohen Schaltfrequenz sehr hohe Leistungsdichten. Der Wirkungsgrad der schnell schaltenden Prototypen liegt bei den meisten experimentellen Aufbauten jedoch nur im Bereich von 98,5 %. Auch das Anwendungsgebiet dieser Prototypen ist größtenteils lediglich der einphasige Betrieb mit einem Leistungsfluss von der DC- zur AC-Seite. Die Mehrheit dieser Testkonfigurationen wurden nur an einem ohmschen Lastwiderstand sowie bei einem hohen Aussteuergrad getestet. Der Bereich der maximalen Zwischenkreisspannung reicht von 800 V bis 1000 V, wobei die Tests mit hoher Leistung bei maximaler Zwischenkreisspannung gemacht wurden, um den Stromfluss gering zu halten. Für höhere Leistungsbereiche wird des Öfteren auf ein kaskadierendes Verschalten mehrerer einphasiger Geräte hingewiesen. Bei einer solchen Verschaltung benötigt jedes Gerät eine separate Ansteuerung (Gate-Treiber, Ansteuerlogik, Potentialtrennung, ...) für die Schalter, woraus eine hohe Anzahl an Komponenten resultiert. Bei keinem dieser Prototypen wird das parallele Schalten von GaN-Schaltern realisiert, um reduzierte Leitverluste und somit auch höhere

Leistungen zu erzielen. Zudem sind die aufgelisteten Prototypen beispielsweise in Bezug auf Spannungsabstände nicht nach industriellen Standards ausgelegt und der Großteil dieser Prototypen ist nicht maschinell bestückbar.
Zusätzlich zu diesen Veröffentlichungen gibt es noch ein Patent der Firma SolarEdge Technologies LTd [15], welches zu einem Patentstreit mit der Firma Huawei führte. Dieses Patent beschreibt den einphasigen Betrieb eines Flying-Capacitor-Umrichters mit Hilfe von zwei Flying-Capacitor-Aufbauten. Im Speziellen geht es um den einphasigen Anwendungsbereich mit der Applikation als Solarwechselrichter.

1.3 Zielstellung der Arbeit

Mit der vorliegenden Dissertation zum Thema „Optimierter Multilevel-GaN-Umrichter für Niederspannungsindustrieanwendungen“ soll die Eignung der in dieser Arbeit thematisierten Multilevel-Topologie für industrielle Anwendungen verifiziert werden. Das Ziel der vorliegenden Arbeit ist es, zunächst den Entwurf eines Flying-Capacitor-Multilevel-GaN-Umrichters genauer zu untersuchen und zu optimieren. Anschließend wird das Natural-Balancing der Flying-Capacitors für den Anwendungsbereich des netzgebundenen Umrichters theoretisch betrachtet. Basierend auf diesen Ergebnissen muss zunächst der Entwurf einer niederinduktiven Kommutierungszelle analysiert und daraufhin als Hardware entworfen werden. Mit dieser niederinduktiven Kommutierungszelle sollen einphasige Prototypen aufgebaut werden, die zu einer dreiphasigen Implementierung führen sollen. Die nachfolgende Auflistung fasst die Schwerpunkte der vorliegenden Arbeit zusammen:

- Erstellung eines optimierten Designs
- Analyse des Spannungsbalancings der Flying-Capacitors
- Entwicklung einer niederinduktiven Flying-Capacitor-Kommutierungszelle
- Entwicklung eines einphasigen Hardware Prototyps
- Verifikation des dreiphasigen Prototyps in einer geeigneten Testumgebung

Kapitel 2

Theoretische Grundlagen und optimierte Auslegung

2.1 Übersicht der industriellen Anwendung

Im Rahmen dieser Arbeit werden die Auslegungskriterien der Bauelemente zum Aufbau eines Flying-Capacitor-Industrieumrichters dargestellt. Hierfür wird zunächst der Aufbau einer typischen industriellen Anwendung beschrieben. Die Übersicht der zu Grunde liegenden Anwendung ist in der Abb. 2.1 dargestellt. Auf der rechten Seite wird das dreiphasige Wechselspannungs-Industrienetz (AC-Industrienetz) durch drei Spannungsquellen repräsentiert. Diese besitzen eine Leiter-Leiter-Nennspannung von 400 V und eine Frequenz von 50 Hz. An dem Industrienetz wird ein EMV-Filter und der zugehörige Netzumrichter angeschlossen. Die Verwendung eines EMV-Filters ist notwendig, um die hochfrequenten Gleichtakt- (Common Mode CM) und Gegentakt- (Differential Mode DM) Störungen der geschalteten Spannung herauszufiltern. Die gefilterte Spannung muss folglich die normativen EMV-Grenzwerte für Industrieanwendungen einhalten. Die hochfrequenten CM- und DM-Komponenten im Störspektrum resultieren aus den Schaltzuständen und Schaltflanken des aktiv schaltenden Netzumrichters. Die Aufgabe des Netzumrichters ist es, die dreiphasige AC-Netzspannung zu einer Gleichspannung (DC) gleichzurichten. Die DC-Spannung wird auch als Zwischenkreisspannung bezeichnet und besitzt im Betrieb einen Spannungsbereich von 600 V bis 800 V. In dem beschriebenen Industriebereich wird die Zwischenkreisspannung mit Hilfe von Elektrolytkondensatoren gespeichert. Ein Teil der Elektrolytkondensatoren ist dabei im Netzumrichter integriert. An dem Zwischenkreis können DC-AC-Motorumrichter oder DC-DC-Umrichter für Gleichspannungsanwendungen, wie zum Beispiel Batteriespeicher, angeschlossen werden. Diese Umrichter wandeln beispielsweise im Fall eines bremsenden Motors regenerative Energie, welche mit Hilfe des Netzumrichters in das Netz eingespeist werden kann. Eine weitere Möglichkeit wäre auch die Energie mittels eines Bremswiderstandes zu verheizen oder mit einem DC-Pufferspeicher im Zwischenkreis zu speichern. Da in dieser Arbeit lediglich eine aktiv schaltende Einspeisung betrachtet wird, ist ein bidirektionaler Leistungsfluss zwischen dem Industrienetz und dem Zwischenkreis möglich. Die Verwendung von Bremswiderständen und Pufferspeichern im Zwischenkreis ist demnach nicht notwendig. Der Fokus dieser Arbeit liegt auf den Komponenten EMV-Filter und Netzumrichter. Der betrachtete Leistungsbereich beträgt 24 kW mit einer dreifachen maximalen Überlast, welche im Sekundenbereich auftreten kann. Die Randbedingungen für einen solchen Umrichter sind in der Tab. 2.1 dargestellt.

Tabelle 2.1: Randbedingung der betrachteten Applikation als industrieller 24 kW Netzumrichter

Parameter	Wert
Nennwert des Laststromes I_{Last}	40 A
Maximaler Laststrom im Überlastfall I_{LMax}	120 A
Stromrippel ΔI	10 %
EMV-Grenzwert	IEC / EN 61800-3 Kategorie C2
Maximale Zwischenkreisspannung U_{DC}	820 V
Leiter-Leiter-Spannung Netz U_{NLL}	400 V
Netzfrequenz f_{N}	50 Hz
Leistungsfluss	DC-AC AC-DC

Derzeit gibt es kein Vergleichsgerät mit 24 kW von der Firma Siemens, weshalb ein 16 kW Netzumrichter als Vergleichsbasis gewählt wird. Ein solcher Netzumrichter besteht derzeit aus mehreren Geräten (Active-Interface-Module, Active-Line-Module, Basic-Line-Filter) mit einem resultierenden Bauvolumen von 25 Liter. Die Geräte Active-Interface-Module und Basic-Line-Filter sind zum Filtern der geschalteten Spannung für industrielle Umgebungsbedingungen notwendig. Die Grenzwerte der maximalen Störpegel für industrielle Umgebungsbedingungen sind in der Norm IEC / EN 61800-3 Kategorie C2 definiert. Diese besitzt zum Zeitpunkt dieser Arbeit aktuell noch keine Grenzwerte für den Frequenzbereich der 8 kHz Schaltfrequenz, weshalb die Störpegel bei diesen Frequenzen noch höher ausfallen können. Die Effizienz des Vergleichsumrichters auf Basis der Zweilevel-Silizium-Technologie (Zweilevel-Si-Technologie) liegt gemäß des Datenblattes [16] bei 96,5 %. Im Teillastbereich ist aufgrund des hohen lastunabhängigen teils der Schaltverluste je nach Arbeitspunkt ein wesentlich geringerer Wirkungsgrad erreichbar. Das große Bauvolumen und die relativ geringe Effizienz sind hauptsächlich auf den großen Filteraufwand und die konventionellen

Schalter zurückzuführen. Der Hauptbestandteil eines aktuellen Zweilevel-Umrichters ist aus Sicht des Bauvolumens das EMV-Filter. Dieses EMV-Filtervolumen wird aufgrund des hohen Filterbedarfs der geschalteten Spannung benötigt. Das Standardgerät verwendet eine Zweilevel-Topologie mit einer Schaltfrequenz von lediglich 8 kHz. Zusätzlich zu dem Bauvolumen ist auch das resultierende Gesamtgewicht aufgrund der großen Drosseln mit 24 kg sehr hoch. Der Filteraufwand lässt sich reduzieren, indem man die Schaltfrequenz erhöht oder die Amplitude der geschalteten Spannung verringert. Die Schaltfrequenz kann beispielsweise mit der Verwendung effizienter Wide-Bandgap Schalter auf Siliziumkabit-Technologie (SiC-Technologie) gesteigert werden. Durch die Verwendung von GaN-Schaltern in Kombination mit der Flying-Capacitor-Multilevel-Topologie wird die Spannungsamplitude vermindert und die Schaltfrequenz stark erhöht. Beispielsweise wird in dieser Arbeit ein Prototyp vorgestellt, welcher die Spannungs-Zeit-Fläche eines Schaltzustandes im Vergleich zu einem 8 kHz Standardumrichter um den Faktor 800 reduziert. Dieser Vergleich zwischen der geschalteten Spannung eines 8 kHz Zweilevel-Umrichters und der eines 800 kHz Neunlevel-Umrichters ist in Abb. 1.3 zu sehen. Aufgrund dieses großen Potentials werden im Nachfolgenden die Auslegungskriterien der wichtigsten Bauelemente zum Aufbau eines Flying-Capacitor-Industrieumrichters dargestellt. Basierend auf diesen Auslegeungskriterien wurde eine Optimierung realisiert, welche am Ende dieses Kapitels genauer beschrieben wird.

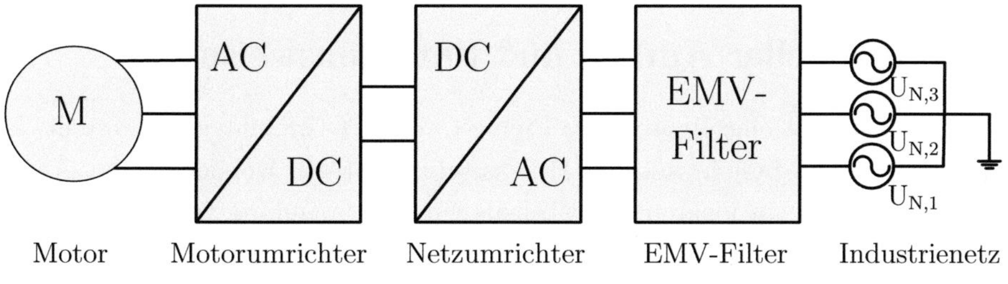

Abbildung 2.1: Prinzipielle Darstellung einer Industrieanwendung mit den unterschiedlichen Komponenten. Die blau gefärbten Komponenten EMV-Filter und Netzumrichter werden mittels des Flying-Capacitor-Umrichters mit integriertem EMV-Filter realisiert.

2.2 Vergleich gegenüber anderen Multilevel-Topologien

Die Flying-Capacitor-Topologie wurde im Jahr 1992 erstmals von T.A. Meynard und H. Foch vorgestellt [17] und patentiert. Diese Topologie zählt zu der Gruppe der seriellen Multilevel-Umrichter [18]. Bei einem Vergleich mit anderen Multilevel-Topologien gibt es für diese Topologie im Niederspannungsbereich signifikante Vorteile. Die zu speichernde Energie der Speicherkondensatoren (Flying-Capacitors) ist vergleichsweise sehr gering. Bei anderen Topologien, wie dem modularen Multilevel-Umrichter, ist die benötigte Energie der Speicherkondensatoren abhängig vom 50 Hz Netzstrom [19]. Besteht ein großer Unterschied zwischen der 50 Hz Netzfrequenz und der Schaltfrequenz eines Schalters, so resultiert dementsprechend ein großer Unterschied zwischen der Leistungsdichte des Flying-Capacitor-Multilevel-Umrichters zum modularen-Multilevel-Umrichter. Aus diesem Grund gibt es im Niederspannungsbereich, in welchem zumeist mit hohen Schaltfrequenzen geschaltet wird, einen Trend in die Richtung der Flying-Capacitor-Multilevel-Topologie. Im Gegensatz dazu wird auf der Mittel- und Hochspannungsebene meistens sehr langsam geschaltet. Der Unterschied zwischen der Netzfrequenz und der Schaltfrequenz ist daher sehr klein und der modulare-Multilevel-Umrichter dominiert diesen Bereich. Im Vergleich zwischen der Flying-Capacitor-Topologie und der Diode-Clamped-Topologie, welche in den Veröffentlichungen [20] und [17] vorgestellt wurde, ist die geringere Anzahl an Schaltern erkennbar. Folglich ist die Effizienz bei Verwendung der gleichen Schalter im Normalfall höher, da geeignete Kondensatoren derzeit weniger Verluste generieren als Schalter. Aus den oben beschriebenen Gründen wird in dieser Arbeit lediglich die Topologie des Flying-Capacitors im Detail betrachtet.

2.3 Prinzipieller Aufbau und Funktionsweise

In der Abb. 2.2 ist eine Phase eines Flying-Capacitor-Umrichters dargestellt. Ein N-Level-Umrichter besteht aus 2(N-1) Schaltern und (N-2) Kondensatoren. An den Schaltern liegt im stationären Betrieb lediglich eine Spannung von $U_{DC}/(N-1)$ an. Aus diesem Grund können Halbleitertechnologien wie GaN eingesetzt werden, die lediglich für eine geringere Drain-Source-Spannung ausgelegt sind. Im Gegensatz dazu sind die Flying-Capacitors im Betrieb auf unterschiedliche Spannungen geladen. Der Kondensator $C_{FC(N-2)}$ ist dem Zwischenkreis am nächsten und demnach auf die höchste Spannung geladen. Der Kondensator C_{FC1} ist dementgegen nahe dem Ausgang mit der geringsten Spannung belastet. Die Spannungen des jeweiligen Kondensators folgen der Gesetzmäßigkeit wie in Gl. 2.1 beschrieben.

$$U_{FCi} = \frac{U_{DC} \cdot i}{N-1} \tag{2.1}$$

In der Gl. 2.1 variiert i von 1 bis (N-2). Um einen identischen resultierenden Spannungsrippel zu erreichen ist es sinnvoll für alle Kondensatoren den gleichen Kapazitätswert zu wählen. Die Induktivität am Ausgang wird zur Stromglättung verwendet. Im Gegensatz zu einem Zweilevel-Umrichter kann sie aufgrund der niedrigen Spannungsstufen und der hohen Schaltfrequenz wesentlich kleiner ausgelegt werden.

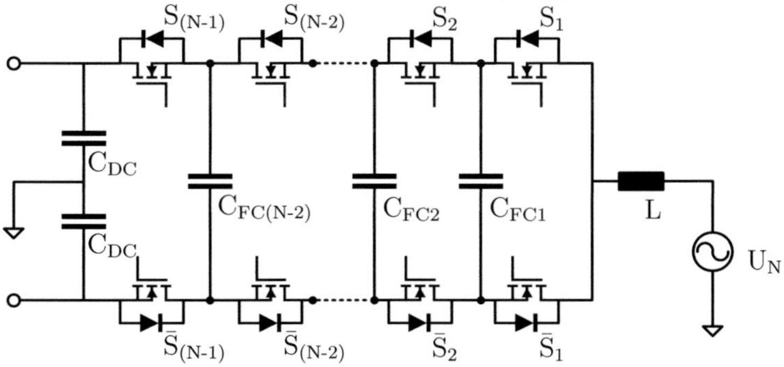

Abbildung 2.2: Einphasiges Ersatzschaltbild eines Flying-Capacitor-Umrichters mit N Spannungslevel und ohne ein EMV-Filter. Das EMV-Filter ist zur Übersichtlichkeit nicht mit dargestellt.

Die komplexere Ansteuerung der Schalter wird oftmals als Problem von Multilevel-Umrichtern angesehen. Ein Grund hierfür ist die exponentiell ansteigende Anzahl an Schaltzuständen mit der Anzahl an Spannungslevel. Die Komplexität der Modulationsarten, wie die der Raumzeigermodulation, steigt somit enorm an. Dieses Problem lässt sich mit Modulationsarten, wie der Phase-Shifted-Pulse-Width-Modulation (PSPWM), in den Griff bekommen. Diese Modulationsart basiert auf unterschiedlichen Trägersignalen. In Abb. 2.3 ist die PSPWM für einen Fünflevel-Umrichter exemplarisch dargestellt. Für jeden Schalter wird ein phasenversetztes Dreiecksignal mit einem Modulationssignal verglichen. Für einen DC-AC-Umrichter ist dieses Modulationssignal beispielsweise ein 50 Hz Sinus mit einer maximal möglichen Amplitude von eins bezogen auf den Spitzenwert des Dreiecksignals. Basierend auf dieser Modulationsart entstehen zusätzlich zu der geringen Komplexität noch zwei weitere Vorteile:

- Erhöhte Ausgangsschaltfrequenz: Durch das phasenverschobene Schalten ist die resultierende Schaltfrequenz am Ausgang um das (N-1) fache höher als die eines einzelnen Schalters. Diese Beziehung kann mit der Gl. 2.2 ausgedrückt werden.

$$f_S = (N-1) \cdot f_{Car} \tag{2.2}$$

- Natural-Voltage-Balancing: Das Natural-Balancing beschreibt einen Effekt, der in der Literatur schon teilweise erforscht wurde. Werden die Schalter mit PSPWM moduliert, stellt sich die Spannung an den Flying-Capacitors selbstständig auf die durch Gl. 2.1 definierte Spannung ein. Dieser Effekt wird im Kapitel 3 für den stationären und den transienten Zustand analysiert.

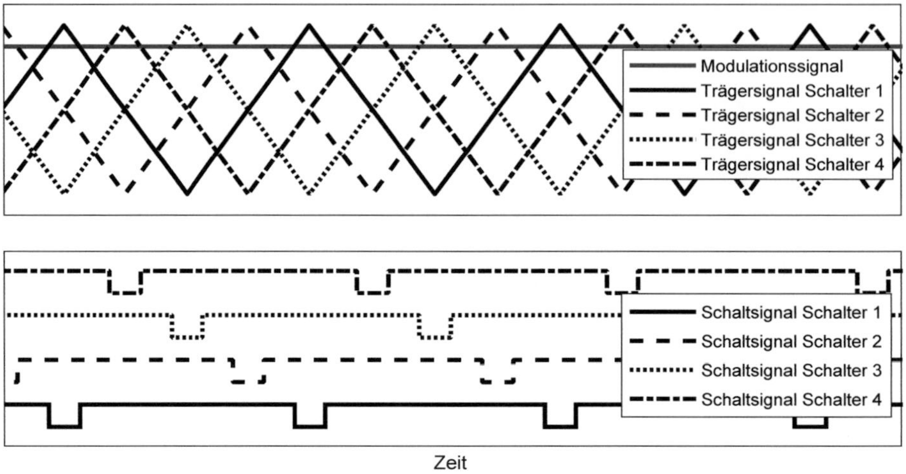

Abbildung 2.3: Prinzipielle Darstellung der Phase-Shifted-Pulse-Width-Modulation (PSPWM) anhand eines Fünflevel-Umrichters. Es werden lediglich die Signale der oberen Schalter $S_{1,2,3,4}$ abgebildet. Die unteren Schalter $\bar{S}_{1,2,3,4}$ werden invers geschaltet, wobei die Einschaltverzögerungszeit t_{delay} bei dieser Betrachtung vernachlässigt wird.

Basierend auf diesen beiden positiven Aspekten wird für die nachfolgenden Betrachtungen jeweils von der PSPWM als Modulationsart ausgegangen. Es besteht zudem die Möglichkeit, diese Modulation um eine Symmetrierungsregelung der Flying-Capacitor-Spannungen zu erweitern, falls dies notwendig ist.
In Abb. 2.4 ist das Ersatzschaltbild der dreiphasigen Ausführung eines netzgebundenen Flying-Capacitor-Multilevel-Umrichters zu sehen. Dieser besteht aus drei Phasen des einphasigen Umrichters und einem zusätzlichen dreiphasigen EMV-Filter. In den folgenden Abschnitten werden die wichtigsten Komponenten dieses Umrichters beschrieben und die Gesetzmäßigkeiten zur Dimensionierung untersucht. Die essentiellen Bestandteile für das Bauvolumen und die Effizienz sind im Nachfolgenden aufgelistet:

- Flying-Capacitors
- Zwischenkreiskondensatoren
- Strom-Glättungsdrossel

- EMV-Filter
- Schalter + Ansteuerung / Kühlung

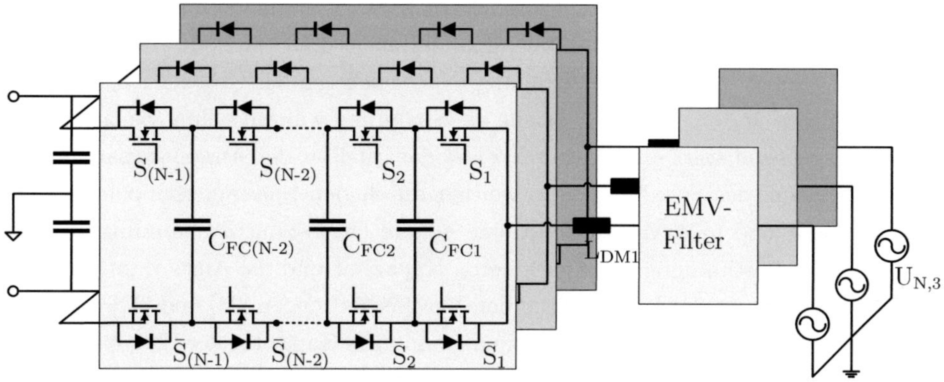

Abbildung 2.4: Ersatzschaltbild des dreiphasigen netzgebundenen N-level-Flying-Capacitor-Umrichters mit EMV-Filter. Die Drossel L_{DM1} ist Teil des EMV-Filters und wird lediglich außerhalb dargestellt, da sie maßgeblich das Schaltverhalten des Umrichters beeinflusst.

2.4 Auslegung und Dimensionierung des Flying-Capacitor-Umrichters

Um das Umrichterdesign zu optimieren, müssen zunächst die Randbedingungen der genannten Komponenten untersucht werden. Diese Randbedingungen definieren beispielsweise für passive Komponenten, bis zu welchen minimalen elektrischen Parametern der Komponenten die Funktion des Umrichters in gewünschter Weise aufrechterhalten werden kann. Dabei ist vorab zu definieren, welche Grenzwerte erfüllt werden sollen. Durch die elektrischen Parameter kann die gespeicherte Energie im Bauelement und anhand der spezifischen Energiedichte das Volumen der Komponenten abgeschätzt werden. Die Bestimmung des Volumens der aktiven Komponenten (Schalter und Ansteuerung) erfolgt mit Hilfe der Verluste. Da die meisten Industrieumrichter im betrachteten Leistungsbereich eine aktive Luftkühlung verwenden, kann mit Hilfe des typischen Cooling System Performance Index (CSPI)-Wertes [21] auf das Kühlvolumen geschlossen werden. Im Rahmen der Promotion wurden Teile dieses Kapitels bereits in [22] publiziert.

2.4.1 Flying-Capacitors

In Abb. 2.2 ist zu sehen, dass die Anzahl der Stützkondensatoren gemäß (N-2) mit der Anzahl an Spannungslevel N wächst. Um möglichst wenig Energie in diesen Kondensatoren zu speichern und folglich auch das Volumen der Flying-Capacitors gering zu halten, muss die Kapazität minimal dimensioniert werden. Allerdings hängt auch die Qualität der Ausgangsspannung maßgeblich von der Größe der Kapazität ab. Ist sie zu gering dimensioniert, bricht die Spannung während eines Schaltzustands dementsprechend stark ein. Darunter leidet die Qualität der Ausgangsspannung und die Auslegung der Schalter. Diese werden durch den Spannungsrippel zusätzlich beansprucht und müssen daher auf eine höhere Drain-Source Spannung ausgelegt werden. Die Bestimmung einer geeigneten Kapazität und die Auswirkungen auf die Ausgangsspannung wurden bereits in den Veröffentlichungen [23] und [24] untersucht. Aufgrund der genannten Kriterien kann die minimale Kapazität der Flying-Capacitors gemäß [25] und [13] folgenderweise berechnet werden:

$$C_{FCMin} \geq \frac{1}{\Delta U_{FC}} \cdot I \cdot \frac{1}{(N-1) \cdot f_{Car}}. \tag{2.3}$$

Der maximale Spannungsrippel wurde auf 20 % der Referenzspannung festgelegt und als Strom wird der Spitzenstrom angenommen. Als Referenzspannung wird die Spannung des ersten Flying-Capacitors gewählt, welche mit der Anzahl an Spannungslevel sinkt und im symmetrierten Zustand an den Schaltern anliegt. Anhand der minimalen Kapazität wird die innerhalb einer Phase in den Kondensatoren gespeicherte Energie wie folgt berechnet:

$$E_{FC} = \sum_{i=1}^{N-2} \left(\frac{U_{DC}[N-(i+1)]}{N-1} \right)^2 \cdot \frac{C_{FCMin}}{2}. \tag{2.4}$$

Der benötigte Bauraum der Kondensatoren kann daraufhin mit Hilfe der jeweiligen volumenspezifischen Energiedichte berechnet werden. Eine typische volumenspezifische Energiedichte wurde dafür gemäß auf dem Markt verfügbarer Kondensatoren ermittelt. Diese hängt maßgeblich von der gewählten Technologie der Kondensatoren ab, wobei Keramik- und Folienkondensatoren für den gewünschten Einsatzbereich aufgrund ihrer geringen Verluste als geeignet eingestuft werden.

2.4.2 Zwischenkreiskondensatoren

Die Zwischenkreiskondensatoren sind für Industrieumrichter so ausgelegt, dass sie während eines definierten Zeitbereiches die Energiezufuhr des Netzes bereitstellen können. Diese Vorkehrung wird getroffen, um während eines kurzzeitigen Netzeinbruches die

Funktionalität des Umrichters nicht zu beeinträchtigen. Basierend auf dieser Annahme werden die Zwischenkreiskondensatoren für alle Zweilevel- und Multilevel-Topologien gleichermaßen ausgelegt. Aufgrund der hohen Energiedichte werden in der Regel Elektrolytkondensatoren verwendet. Gegebenenfalls können diese um Keramikkondensatoren erweitert werden, um die kurzzeitigen Leistungsspitzen zu dämpfen und somit die Verluste der Elektrolytkondensatoren im normalen Betrieb zu minimieren. Die Anforderungen an die Zwischenkreiskondensatoren sind für die betrachtete Auslegung des Umrichters unverändert, sodass im Rahmen der Optimierung auf eine detaillierte Untersuchung verzichtet wird.

2.4.3 Strom-Glättungsdrossel

Die Glättungsdrossel am Ausgang des Flying-Capacitor-Umrichters ist zur Begrenzung des Stromrippels angeschlossen. Mit einer sinusförmigeren Ausgangsspannung sinken die Anforderungen an die Drossel. Für einen Flying-Capacitor-Multilevel-Umrichter führt somit eine Reduzierung der Spannungsstufen und eine Erhöhung der Schaltfrequenz zu sehr kleinen Glättungsdrosseln. Dies liegt an der stark reduzierten Spannungs-Zeit-Fläche, welche die minimale Induktivität definiert. Um den Stromrippel adäquat zu begrenzen, kann die minimale Induktivität folgendermaßen berechnet werden:

$$L_{Min} \geq \frac{U_{DC}/(N-1)}{\Delta I \cdot 2 \cdot f_{Car} \cdot (N-1)}. \tag{2.5}$$

Diese Formel basiert auf dem Stromanstieg während einer Schaltperiode, welcher mit dem maximalen Stromrippel des Ausgangsstromes korreliert. Dieser kann im Hinblick auf den Worst-Case-Arbeitspunkt für ein Tastverhältnis von 50 % folgendermaßen berechnet werden:

$$\Delta I = \frac{1}{L} \cdot \int_{t_0}^{t_0+1/2f_S} \left(\frac{U_{DC}}{N-1}\right) dt. \tag{2.6}$$

In Gl. 2.6 beschreibt die Variable t_0 den Umschaltzeitpunkt zwischen zwei Schaltzuständen. Die in der Drossel gespeicherte Energie hängt quadratisch vom Strom ab und wird gemäß der Formel 2.7 berechnet. In der nachfolgenden Optimierung wird der Effektivwert des Überlaststromes als Referenz genommen.

$$E_L = \frac{1}{2} \cdot L \cdot I^2 \tag{2.7}$$

Basierend auf der Energie wird das Volumen über eine volumenspezifische Energiedichte berechnet. Diese hängt von der Wahl des Kernmaterials ab und daher auch von der Schaltfrequenz. Die volumenspezifische Energiedichte wird zuvor für geeignete handelsübliche Drosseln in dem genannten Leistungsbereich ermittelt.

2.4.4 EMV-Filter

Die Dimensionierung des EMV-Filters hängt vom Störpegel und der Topologie des Umrichters ab. In diesem Kapitel werden die EMV-Störungen des Flying-Capacitor-Umrichters genauer betrachtet. Dabei werden lediglich die leitungsgebundenen EMV-Störungen untersucht. Zunächst wird die Ursache der CM- und DM-Störungen für den dreiphasigen Flying-Capacitor-Umrichter erforscht. Hierfür werden Simulationen der jeweiligen unterschiedlichen Spannungen zur Berechnung der maximalen Störamplituden vorgestellt. Diese Simulationen werden im Kapitel 4 mit den Messungen verglichen. Zur Veranschaulichung wird das ideale Ersatzschaltbild des Umrichters mit den jeweiligen Spannungsquellen gemäß [26] in Abb. 2.5 dargestellt. Um für den hochfrequenten Bereich näherungsweise die doppelte Dämpfung zu erhalten, wird ein zweistufiger Tiefpass gewählt. Der Mittelpunkt (mit M gekennzeichnet) des Umrichters ist für die gegebene Rahmenbedingung typischerweise nicht geerdet und kann somit in seinem Spannungspotential bezüglich der Erde springen. Die Netzspannungsquellen sind hingegen in ihrem Sternpunkt mit dem Erdpotential verbunden. In unterschiedlichen EMV-Normen ist geregelt, wie hoch das Störspektrum (CM- und DM-Störungen) des Umrichters am Point of Common Coupling (PCC) noch sein darf. Der PCC befindet sich am Anschluss zum öffentlichen Netz. Für Umrichter im industriellen Bereich ist es wichtig, Geräte innerhalb eines Verbundes nicht zu beeinträchtigen. Das Störspektrum der gefilterten Spannung muss daher den Grenzwert der IEC / EN 61800-3 Kategorie C2 einhalten.

Die nachfolgenden Betrachtungen und Berechnungen der Störungen wurden gemäß [26] und entsprechend der Transformation aus [27] angestellt. Es wird lediglich eine verkürzte Variante vorgestellt. Da der Mittelpunkt des Umrichters in diesem vereinfacht dargestellten Fall (Abb. 2.5) keine Anbindung an GND hat, kann gemäß [26] angenommen werden, dass die Summe der Phasenströme gleich null ist. Der Index i in Gl. 2.8 bezeichnet die jeweilige Phase (1, 2, 3).

$$\sum_{i=1}^{3} i_i(t) = 0 \tag{2.8}$$

Die CM-Spannung ist für alle drei Phasen symmetrisch.

$$u_{FC,i}(t) = u'_{FC,i}(t) + u_0(t) \tag{2.9}$$

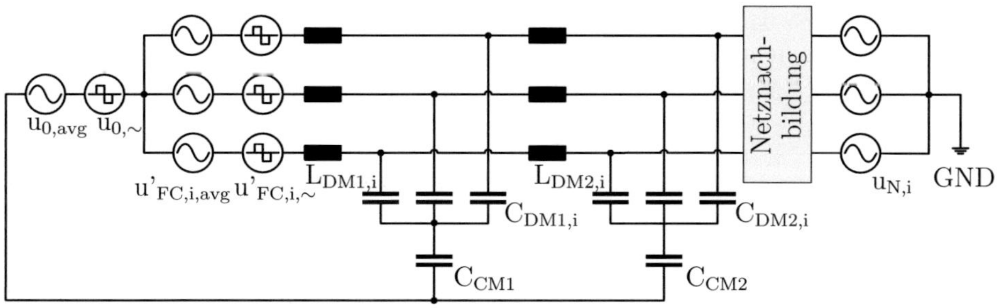

Abbildung 2.5: Ersatzschaltbild für die CM- und DM-Spannungen und den verwendeten EMV-Filter. Die Spannungen unterscheiden sich für den Flying-Capacitor-Umrichter im Hinblick auf die Amplitude und die Frequenz maßgeblich vom Zweilevel-Umrichter. Das Netz wird mit den Spannungsquellen $u_{N,i}$ repräsentiert, wobei sich in der Realität eine Impedanz des Netzes zwischen dem EMV-Filter und den Spannungsquellen befindet. Diese ist mit dem Block der Netznachbildung prinzipiell skizziert.

Gemäß der Transformationsmatrix in [27] kann die CM-Komponente der Spannung wie folgt berechnet werden:

$$u_0(t) = 1/3 \cdot \left(\sum_{i=1}^{3} u_{FC,i}(t) \right). \tag{2.10}$$

Die CM-Spannung u_0 kann, wie in Abb. 2.5 dargestellt, jeweils in den hochfrequenten Anteil $u_{0,\sim}$ und den niederfrequenten Anteil $u_{0,avg}$, aufgeteilt werden:

$$u_0(t) = u_{0,\sim}(t) + u_{0,avg}(t). \tag{2.11}$$

Dasselbe kann für die Spannungen $u_{FC,i}$ der unterschiedlichen Phasen vorgenommen werden:

$$u_{FC,i}(t) = u_{FC,i,\sim}(t) + u_{FC,i,avg}(t). \tag{2.12}$$

Die Spannung $u_{0,avg}$ beinhaltet hierfür neben der Netzfrequenz nur einige weitere harmonische Komponenten niederer Ordnung. Letztere entstehen aufgrund der Supersinusmodulation oder auch der Raumzeigermodulation eines Zweilevel-Umrichters. Dabei wird das Potential des Mittelpunktes mit der dreifachen Grundfrequenz der Netzspannung $u_{N,i}$ angehoben, um einen größeren Aussteuerbereich zu erhalten. Dieses niederfrequente Anheben des Sternpunktes wird auch bei dem dargestellten Flying-Capacitor-Umrichter durchgeführt. Es hat allerdings keine signifikante Auswirkung auf das EMV-Filter und das hochfrequente Störspektrum.

Die Spannung $u_{0,avg}$ beinhaltet diesen niederfrequenten Anteil mit dreifacher Netzfrequenz und kann demnach folgendermaßen berechnet werden:

$$u_{0,avg} = f_s \cdot \int_{t_0}^{t_0+(1/f_s)} u_0(t) \cdot dt. \tag{2.13}$$

Die zugehörige simulierte Spannung ist in Abb. 2.7 dargestellt. Entsprechend dieser Gleichung kann auch die Spannung $u_{FC,i,avg}$ wie folgt berechnet werden:

$$u_{FC,i,avg} = f_s \cdot \int_{t_0}^{t_0+(1/f_s)} u_{FC,i}(t) \cdot dt. \tag{2.14}$$

Basierend auf diesen Berechnungen ist es möglich, wie in den Abbildungen 2.6 und 2.7 dargestellt, die Spannungen $u'_{FC,i,\sim}$ und $u_{0,\sim}$ zu ermitteln.

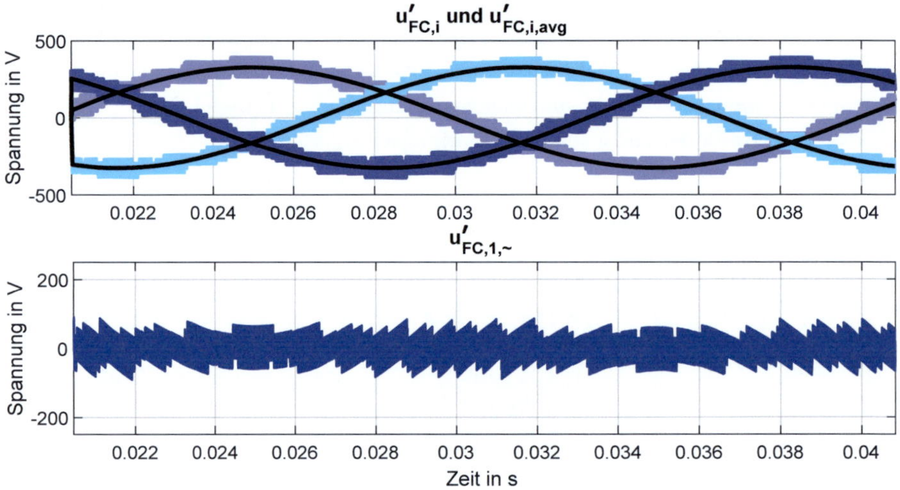

Abbildung 2.6: Darstellung der simulierten Spannungen $u'_{FC,i}$, $u'_{FC,i,avg}$ und $u'_{FC,1,\sim}$. Die Spannung $u'_{FC,1,\sim}$ entspricht der hochfrequenten DM-Störspannung. In der Abbildung ist lediglich ein simulierter Arbeitspunkt bei einer Zwischenkreisspannung von 650 V und einer Leiter-Leiter-Spannung von 400 V dargestellt.

Die Spannungen $u'_{FC,i,\sim}$ und $u_{0,\sim}$ entsprechen den DM- und CM-Störspannungen, welche mit Hilfe des Filters gedämpft werden müssen. In der Abb. 2.8 sind die Detailansichten der jeweiligen Spannungen anhand einer MATLAB Simulation dargestellt worden.

Anhand der Detaildarstellung der CM- und DM-Störung in Abb. 2.8 ist ersichtlich, dass sich die Frequenz der Störungen im Bereich der Schaltfrequenz befindet. Die maximale Störamplitude der CM-Spannung befindet sich theoretisch nur bei zwei Drittel der DM-Spannungsamplitude. Es können zudem noch Störungen durch ungleichmäßig geladene

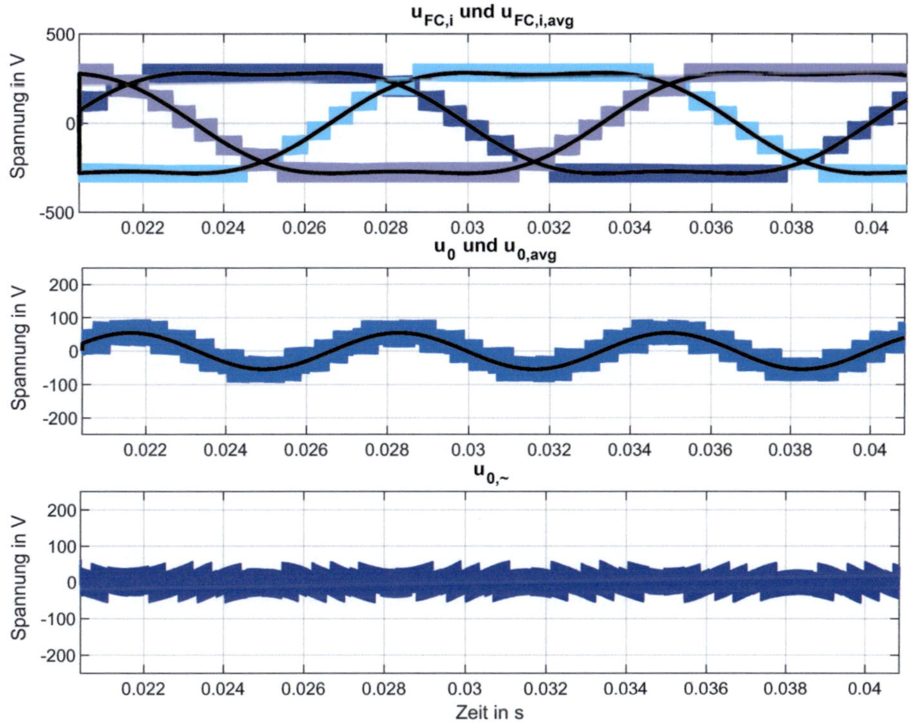

Abbildung 2.7: Darstellung der simulierten Spannungen $u_{FC,i}$, $u_{FC,i,avg}$, u_0, $u_{0,avg}$ und $u_{0,\sim}$. Die Spannung $u_{0,\sim}$ entspricht der hochfrequenten CM-Störspannung.

Flying-Capacitor-Spannungen entstehen, welche aufgrund der geringen Amplitude lediglich eine untergeordnete Rolle spielen. Als Vereinfachung wird demnach für die DM- und CM-Spannung jeweils lediglich eine Maximalamplitude bei der Schaltfrequenz angenommen.

EMV-Störungen werden üblicherweise logarithmisch in Dezibel-Mikrovolt dargestellt. Nachfolgend wird die maximale theoretische DM-Störung bei der Schaltfrequenz in Dezibel-Mikrovolt umgerechnet. Diese wird vereinfacht ohne einen entsprechenden Sicherheitsfaktor für ungleichmäßig geladene Flying-Capacitor-Spannungen folgendermaßen berechnet:

$$U_{DM,fs}[dB\mu V] = 20 \cdot \log_{10}(U_{DC}/(N-1)) + 120[dB]. \tag{2.15}$$

Die CM-Störamplitude kann folgendermaßen berechnet werden:

$$U_{CM,fs}[dB\mu V] = 20 \cdot \log_{10}(2U_{DC}/3(N-1)) + 120[dB]. \tag{2.16}$$

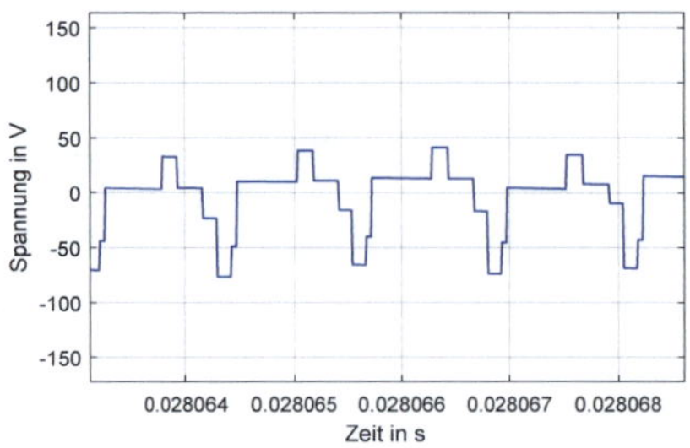

(a) Detailansicht $u'_{FC,1,\sim}$

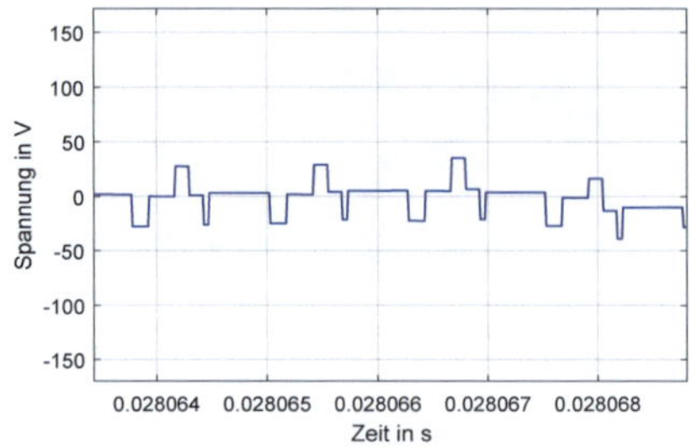

(b) Detailansicht $u_{0,\sim}$

Abbildung 2.8: (a) Detaildarstellung der Spannung $u'_{FC,1,\sim}$, welche der hochfrequenten DM-Störspannung entspricht. (b) Detaildarstellung der Spannung $u_{0,\sim}$, welche der hochfrequenten CM-Störspannung entspricht.

Da die Störungen theoretisch für eine unendlich schnelle Schaltgeschwindigkeit ideal rechteckförmig sind, fällt die Amplitude ab diesem Maximalpunkt mit 20 dB/dec ab. Real ist die Schaltgeschwindigkeit nicht unendlich steil, was aus der rechteckförmigen Spannung eine näherungsweise trapezförmige Spannung macht. Dies hat allerdings keinen Einfluss auf die maximale Amplitude der Störung bei der resultierenden Schaltfrequenz und lediglich eine erhöhte Dämpfung im höherfrequenten Bereich zur Folge. Für die nachfolgende Optimierung kann demnach auf eine detailliertere Untersuchung verzichtet werden. Vereinfacht wird mittels der Gl. 2.15 und der Gl. 2.16 davon ausgegangen, dass alleinig die maximale Störung bei der resultierenden Schaltfrequenz gedämpft werden muss.

Als Filtervariante wird eine zweistufige LC-Tiefpasskonfiguration betrachtet, welche basierend auf Voruntersuchungen im Vergleich zu einer einstufigen Variante zu einem geringeren Gesamtvolumen führt. Die prinzipielle EMV-Filterstruktur ist für ein zweistufigen LC-Tiefpassfilter in der Abb. 2.9 dargestellt.

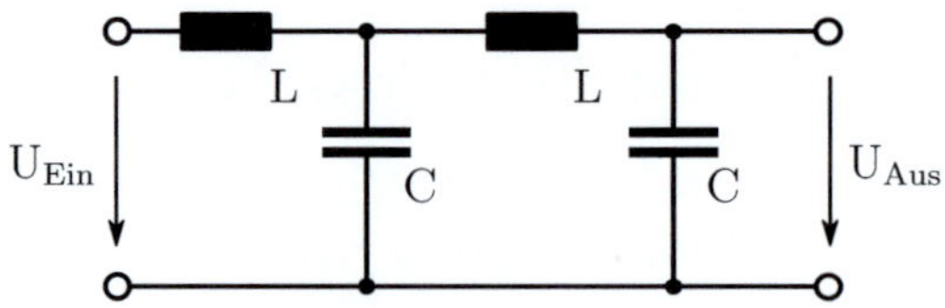

Abbildung 2.9: Prinzipielle Darstellung eines passiven zweistufigen LC-Tiefpassfilters. Die Komponenten L und C werden für beide Stufen identisch gewählt.

Vereinfacht kann diese zweistufige Filtervariante gemäß [28] wie eine einstufige Variante eines LC-Tiefpasses mit ausschließlich einer abfallenden Flanke von 80 dB/dec abgeschätzt werden. Es wird darauf hingewiesen, dass diese Annahme nicht vollständig korrekt ist. Die Begründung hierfür ist in der Abb. 2.10 als Vergleich zwischen der Vereinfachung und dem realen theoretischen Übertragungsverhalten dargestellt. Für beide Übertragungsfunktionen wurde die Netznachbildung am Ausgang vernachlässigt. Im Anhang ist beschrieben, wie die Übertragungsfunktion eines solchen Netzwerkes mittels der Vierpoltheorie berechnet wird. Die Berechnungen wurden anhand der Formeln und Tabellen aus Lit. [29] erstellt. Die Bode-Darstellungen in den Übertragungsfunktionen der nachfolgenden Kapitel wurden entweder über diese Vierpolvariante oder über eine Simulation unter Verwendung des Programmsystems MATLAB/Simulink bestimmt. In der Abb. 2.10 ist erkennbar, dass im realen Übertragungsverhalten ein Unterschied zwischen der ersten und der zweiten Resonanzstelle vorhanden ist. Dieser ergibt sich aus einer zusätzlichen Komponente in der vollständigen Übertragungsfunktion und wird mit der Vereinfachung aus [28] vernachlässigt. Wird die benötigte Dämpfung bei 800 kHz betrachtet, gibt es jedoch keinen Unterschied zwischen den beiden Übertragungsfunktionen.

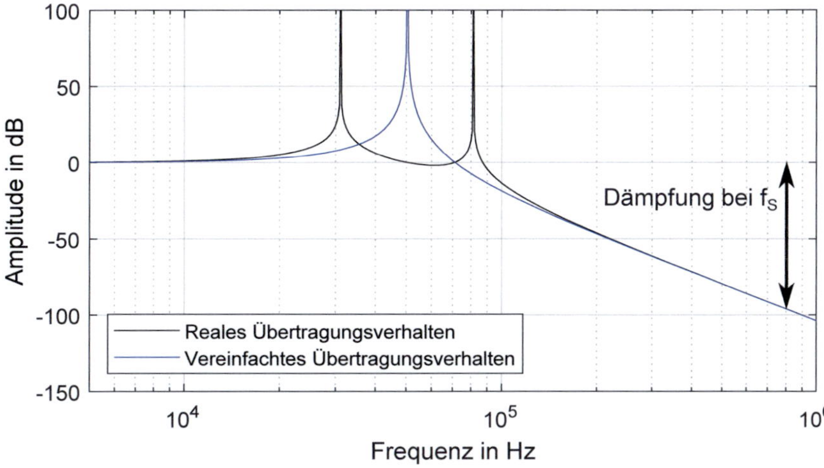

Abbildung 2.10: Vergleich zwischen dem vereinfachten Übertragungsverhalten und dem realen Übertragungsverhalten des DM-LCLC-Filters. Die Filterparameter wurden gemäß dem finalen Entwurf der Monte-Carlo-Optimierung mit L=5 μH und C=2 μH gewählt.

Für eine Optimierung des Volumens und der Effizienz wird einzig der Frequenzbereich bei der Schaltfrequenz betrachtet. Da die Resonanzstellen des Filters typischerweise weit von dem Frequenzbereich der Schaltfrequenz entfernt liegen, wird auf eine noch detailliertere Betrachtung für die Optimierung verzichtet und die Vereinfachung aus Lit. [28] verwendet. Mittels der Annahme, dass lediglich eine doppelte Resonanzstelle resultiert, wird die benötigte Filtereckfrequenz mit der nachfolgenden Formel berechnet:

$$f_G = 10^{log_{10}^{f_s} - \left(\frac{Att_{Req}}{Att_{Filter}}\right)}. \tag{2.17}$$

Att_{Req} beschreibt die benötigte Dämpfung und Att_{Filter} die charakteristische Dämpfung des Filters. Die benötigte Dämpfung des Filters kann aus der Differenz zwischen der EMV-Norm und der maximalen Störamplitude berechnet werden. Zur Ermittlung der benötigten Filterkomponenten bietet es sich an, basierend auf dem Ersatzschaltbild in Abb. 2.5 das jeweilige CM- und DM-Ersatzschaltbild zu erstellen. Die CM- und DM-Ersatzschaltbilder werden gemäß der Veröffentlichung [30] aufgestellt. Es werden lediglich zwei Ersatzschaltbilder betrachtet, da die Phasenspannungen und die Last als symmetrisch angenommen werden. Die Netzimpedanz wird über einen 50 Ω Widerstand parallel mit 5 Ω und 50 μH repräsentiert. Dies entspricht der Netznachbildung, wie sie auch mit einer Line-Impedance-Stabilization-Network (LISN) realisiert wird.

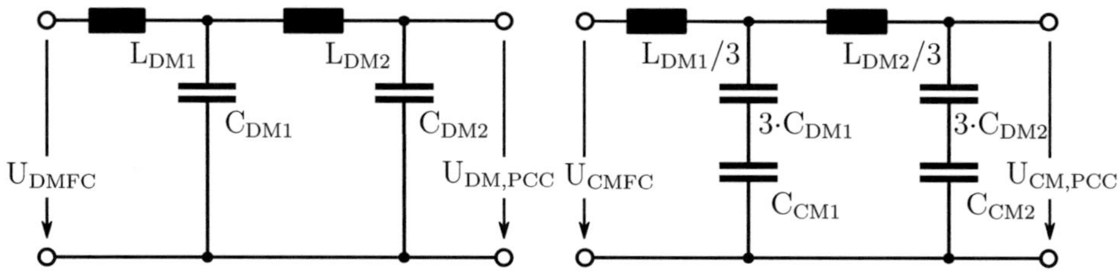

Abbildung 2.11: Links: Theoretisches DM-Ersatzschaltbild ohne parasitäre Komponenten, welches aus dem EMV-Filterentwurf resultiert. Rechts: Theoretisches CM-Ersatzschaltbild ohne parasitäre Komponenten, welches aus dem EMV-Filterentwurf resultiert.

Berücksichtigt man die benötigte Eckfrequenz aus Gl. 2.17 und das jeweilige Ersatzschaltbild, gibt es folglich noch einen Freiheitsgrad für das Verhältnis zwischen der Induktivität und der Kapazität. Da die volumenspezifische Energiedichte einer Induktivität um Faktoren geringer ist als die eines Kondensators, wird nur die minimal benötigte Glättungsdrossel aus Gl. 2.5 als Filterinduktivität verwendet. Diese wird jeweils zur Hälfte auf die erste und die zweite Filterstufe aufgeteilt. Somit kann anhand der Übertragungsfunktion eines LC-Tiefpasses zunächst die benötigte CM-Kapazität und nachfolgend die minimale DM-Kapazität bestimmt werden. Für die Berechnung des Volumens muss die gespeicherte Energie in den Filterkondensatoren noch berücksichtigt werden. Diese kann anhand der Formel in 2.18 berechnet werden, wobei als Spannung der Effektivwert der Grundschwingung betrachtet wird:

$$E_C = \frac{1}{2} \cdot C \cdot U^2. \tag{2.18}$$

Anschließend wird mit einer gebräuchlichen volumenspezifischen Energiedichte das theoretisch benötigte Bauvolumen des EMV-Filters berechnet. Die Filterdämpfung des realen Prototypen muss aufgrund von parasitären Komponenten experimentell validiert und gegebenenfalls empirisch angepasst werden.

2.4.5 Verlustberechnung der GaN-Schalter

Zur Bestimmung des Wirkungsgrades und des benötigten Kühlvolumens werden nachfolgend auch die Verluste der Schalter bestimmt. Diese sind infolge der hohen Anzahl an Schaltern für den Großteil der Gesamtverluste verantwortlich. In dieser Verlustbetrachtung sollen die Verluste der GaN-Schalter möglichst genau abgeschätzt werden, ohne jedoch auf parasitäre Komponenten genauer einzugehen. Auf die Berücksichtigung dieser wird verzichtet, da solche Größen wie die Induktivität innerhalb des Kommutierungskreises oder die Induktivität innerhalb des Gateansteuerkreises hauptsächlich über das Layout der Leiterplatte bestimmt werden. Sie können daher frühestens ab dem Layoutentwurf bestimmt werden und sind für eine allgemeingültige Optimierung schlecht vorhersehbar. Da ideale Bedingungen ohne parasitäre Komponenten jedoch auch keine realistischen Ergebnisse liefern, wird der Einfluss der parasitären Komponenten über geeignete Einschalt- und Ausschaltwiderstände der GaN-Schalter berücksichtigt. Im Kapitel 4 wird die idealisierte Betrachtung mit dem realen Aufbau verglichen. So lassen sich die Vereinfachungen unter der Verwendung realer Messergebnisse verifizieren. Hauptbestandteile der nachfolgenden Verlustberechnung sind aus der Lit. [2] entnommen. In der genannten Quelle werden die Verluste von GaN-Schaltern anhand eines Tiefsetzstellers abgeschätzt. Diese Annahme stimmt zu einem großen Teil mit der sinusförmigen Modulation eines Wechselrichters überein. Auch bei einem Wechselrichter ist ein Spannungszwischenkreis vorhanden und am Ausgang eine Drossel zur Stromglättung angeschlossen. Diese beeinflusst maßgeblich das Schaltverhalten und daher auch die Verluste. Durch die Vereinfachung der Verlustabschätzung eines Tiefsetzstellers wird für den Betrieb während einer Netzperiode der Effektivwert des sinusförmigen Laststromes angenommen. Diese Annahme ist nicht vollständig korrekt, da bei einer sinusförmigen Modulation stets Zeitpunkte vorhanden sind, in denen der Schalter im stromlückenden Betrieb ist. In diesen Fällen ist der Stromfluss nicht groß genug, um die Spannung beim Einschalten abzubauen [31]. Aus diesem Grund schaltet der ansonsten weich schaltende Schalter auch hart und erzeugt somit größere Verluste. Da der Stromfluss allerdings so gering ist, spielen diese Fälle im Hinblick auf die Gesamtverluste während einer Netzperiode lediglich eine untergeordnete Rolle. Demnach kann die Verlustabschätzung mit der Betrachtung des Tiefsetzstellers gemäß der Formeln aus Lit. [2] vereinfacht werden. Es müssen lediglich Anpassungen bezüglich der Umrechnung von sinusförmigen Größen auf Gleichgrößen vorgenommen werden.

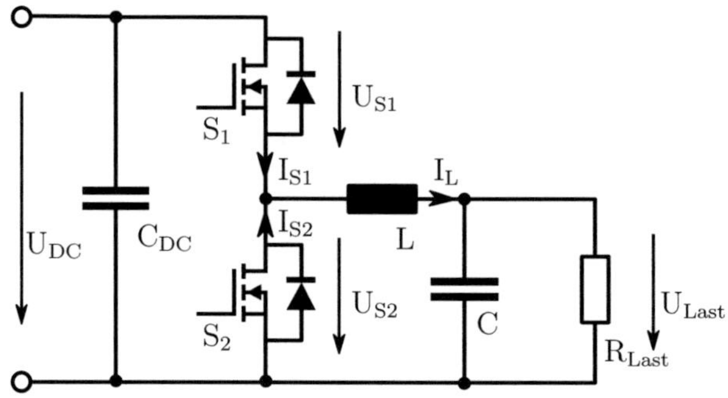

Abbildung 2.12: Ersatzschaltbild der Tiefsetzstellerschaltung (engl. Buck Converter). Die Schalter S_1 und S_2 schalten alternierend (Totzeit ausgenommen). Im Tiefsetzstellerbetrieb ($U_{DC}>U_{Last}$) schaltet unter der Annahme, dass der Strom I_L größer null ist, der Schalter S_1 hart und der Schalter S_2 weich.

In Abb. 2.12 ist das Ersatzschaltbild eines Tiefsetzstellers zu sehen. Die Verlustabschätzung erfolgt anhand dieser Schaltung. In Abb. 2.13 werden die zugehörigen Spannungs- und Stromverläufe eines charakteristischen Schaltvorgangs schematisch dargestellt. Im Gegensatz zu dem klassischen Tiefsetzsteller wird der obere sowie der untere Schalter aktiv eingeschaltet, um die Durchlassverluste möglichst gering zu halten. Die interne Rückwärtsleitfähigkeit der GaN-Schalter wird über die Body-Dioden dargestellt. Diese leiten somit lediglich während dem Delay (Einschaltverzögerung) um einen Brückenkurzschluss zu vermeiden. Allerdings ist die Rückwärtsleitfähigkeit maßgeblich für den Ablauf der Kommutierung verantwortlich.
Die Verluste der Schalter können allgemein in zwei Gruppen aufgeteilt werden:

- Leitverluste
- Schaltverluste

Die Leitverluste P_{Cond} werden zum größten Teil über den Durchlasswiderstand R_{DSon} der Schalter bestimmt. Anhand des bekannten Effektivwertes des Stromes können folglich die Verluste gemäß Tab. 2.3 ermittelt werden. Da während einer Netzperiode beide Schalter näherungsweise die identische Zeit ein- und ausgeschaltet sind, wird pro Schalter lediglich die Hälfte der Leitverluste generiert. Zusätzlich zu diesen Verlusten kommen noch die Leitverluste der intern wirkenden Source-Drain-Rückwärtsleitung hinzu, welche jeweils während der Einschaltverzögerung des jeweiligen Schalters auftreten. Diese werden gemäß den Formeln $P_{SD\text{-}off}$; $P_{SD\text{-}on}$ in Tab. 2.3 abgeschätzt und hängen stark von der Einschaltverzögerungszeit und der Schaltfrequenz ab. Ist die Einschaltverzögerungszeit adäquat gewählt, spielen diese Verluste nur eine untergeordnete Rolle.

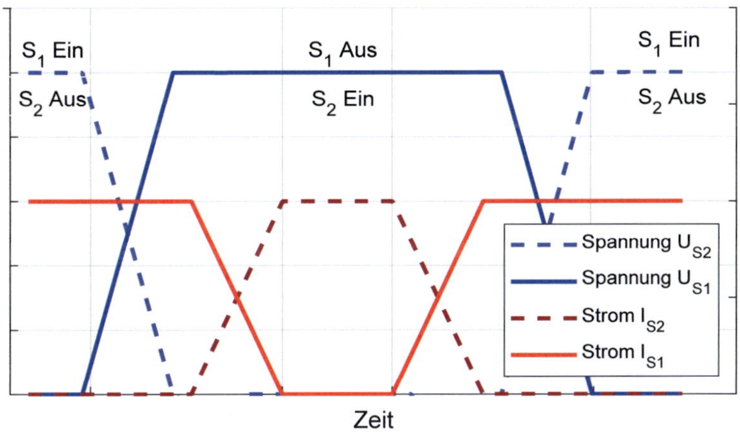

Abbildung 2.13: Prinzipielle Spannungs- und Stromverläufe während eines Schaltvorgangs, für den Fall, dass die Delay-Zeit groß genug gewählt wird, um das weiche Schalten des Schalters S_2 zu ermöglichen. Aufgrund des prinzipiellen Verlaufes haben die Werte der x-Achse keine Bedeutung.

Als Schaltverluste werden die frequenzabhängigen Verluste bezeichnet, die während des Ein- und Ausschaltvorganges der Schalter entstehen. Zum Verständnis dieser ist die Abb. 2.13 vorhanden, welches die prinzipiellen Strom- und Spannungsverläufe beim induktiven Schaltvorgang des Tiefsetzstellers zeigt. Es ist ersichtlich, dass der Schalter S_1 aufgrund der Überlappung von Strom und Spannung mehr Verluste erzeugt als der Schalter S_2. Dies liegt daran, dass die Spannung des Schalters S_2 beim Einschalten zuerst abgebaut wird, bevor der Strom ansteigt. Beim Ausschalten wird erst der Stromfluss abgebaut, bevor die Spannung ansteigt. Dieses Verhalten wird in der

Tabelle 2.2: Formeln zur Berechnung der GaN-Verluste

Verluste des hart schaltenden GaN	Verluste des weich schaltenden GaN
$P_{Coss} = 2 \cdot E_{Coss} \cdot f_S$	-
$P_G = Q_G \cdot U_{DR} \cdot f_S$	$P_G = Q_G \cdot U_{DR} \cdot f_S$
$P_{On1} = \frac{1}{2} \cdot U_{DS} \cdot I_{DS} \cdot f_S \cdot (t_{C1} + t_{C2})$	$P_{SD,off} = U_{SD} \cdot I_{DS} \cdot f_S \cdot t_{SD}$
$P_{Off1} = \frac{1}{2} \cdot U_{DS} \cdot I_{DS} \cdot f_S \cdot (t_{C3} + t_{C4})$	$P_{SD,on} = U_{SD} \cdot I_{DS} \cdot f_S \cdot t_{Delay}$
$P_{Cond} = \frac{1}{2} \cdot I_L^2 \cdot R_{DSon}$	$P_{On2} = U_{SD} \cdot I_{DS} \cdot f_S \cdot (t_{C5} + t_{C6})$
-	$P_{Off2} = U_{SD} \cdot I_{DS} \cdot f_S \cdot (t_{C7} + t_{C8})$
-	$P_{Cond} = \frac{1}{2} \cdot I_L^2 \cdot R_{DSon}$

Literatur als weiches Schalten oder auch Zero-Voltage-Switching (ZVS) [2] bezeichnet. Um dieses verlustarme Schalten zu gewährleisten, muss die Einschaltverzögerungszeit t_{Delay} mindestens so groß gewählt werden, dass t_{SD} gemäß Tab. 2.3 einen positiven Wert annimmt. Die Schaltverluste dieses Schalters entstehen somit ausschließlich in der Überschneidung des Stromes und der Spannung bei dem Übergang zum rückwärtsleitfähigen Zustand (P_{On2}; P_{Off2}). Da dort nur die Source-Drain-Spannung (U_{SD}) anliegt, welche meist einige Volt beträgt, sind diese Verluste sehr gering. Für den realisierten dreiphasigen Prototypen aus Abschnitt 4.4 machten diese Verluste (P_{On2} und P_{Off2}) bei 16 kW lediglich 0,5 % der Gesamtverluste der Schalter aus. Im Gegensatz zum Schalter S_2 besitzt der Strom beziehungsweise die Spannung des Schalters S_1 zum Beginn der Kommutierung immer die maximale Amplitude. Dieser Schalter schaltet daher hart und erzeugt demnach im Fall des Tiefsetzstellers wesentlich höhere Verluste. Während der Sinusmodulation als Wechselrichter variiert dieses Verhalten während einer 50 Hz Netzfrequenz. In der halben Netzperiode schaltet der Schalter S_2 hart und S_1 weich, während in der anderen Hälfte der Netzperiode S_1 hart und S_2 weich schaltet. Die Verluste sind folglich innerhalb einer Netzperiode auf beide Schalter symmetrisch aufgeteilt.

Zu den bisher genannten Verlusten kommen noch die Umladeverluste der Ausgangskapazität C_{Oss}. In der genannten Lit. [2] wird davon ausgegangen, dass jeweils die Hälfte der Umladeenergie in Form von Verlusten verloren geht. Die zum Umladen benötigte Energie hängt maßgeblich von der anliegenden Spannung ab. Es ist möglich, die zum Umladen der Ausgangskapazität benötigten Energie gemäß der Gl. 2.19 aus Lit. [28] näherungsweise zu bestimmen. Hierfür wird die Ausgangskapazität mit Hilfe einer Wurzelfunktion und den jeweiligen Referenzwerten $U_{DS,ref}$ und $C_{Oss,ref}$ aus dem Datenblatt approximiert.

$$E_{Coss}(U_{DS}) = \frac{2}{3} C_{Oss,ref} \cdot \sqrt{U_{DS,ref}} \cdot U_{DS}^{3/2} \tag{2.19}$$

Für eine detailliertere Berechnung ist es jedoch sinnvoll, die Kennlinie aus dem Datenblatt des jeweiligen GaN-Schalters zu verwenden. In dieser ist die Kapazität C_{Oss} über die Drain-Source-Spannung angegeben. Zur Berechnung der benötigten Umladeenergie muss die Kapazität daher bis zu dem jeweiligen Spannungswert integriert werden.

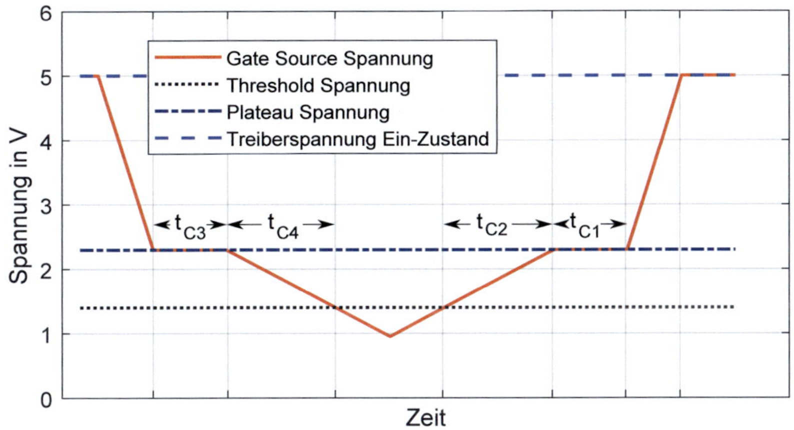

Abbildung 2.14: Prinzipieller Verlauf der Gate-Source-Spannung des Schalters S_1. Die x-Achse ist gemäß dem prinzipiellen Verlauf der Spannungen und Ströme aus der Abb. 2.13 gewählt.

Tabelle 2.3: Formeln zur Berechnung der relevanten Zeitintervalle

Zeitintervalle des hart schaltenden GaN	Zeitintervalle des weich schaltenden GaN
$t_{C1} = \frac{R_{Gon} \cdot Q_{GD}}{U_{DR} - U_{PL}}$	$t_{C5} = \frac{R_{Gon} \cdot Q_{GD}}{U_{DR} - U_{PL}}$
$t_{C2} = \frac{Q_{GS2} \cdot R_{Gon}}{U_{DR} - (1/2) \cdot (U_{PL} + U_{TH})}$	$t_{C6} = \frac{Q_{GS2} \cdot R_{Gon}}{U_{DR} - (1/2) \cdot (U_{PL} + U_{TH})}$
$t_{C3} = \frac{R_{Goff} \cdot Q_{GD}}{U_{PL}}$	$t_{C7} = \frac{R_{Goff} \cdot Q_{GD}}{U_{PL}}$
$t_{C4} = \frac{R_{Goff} \cdot Q_{GS2}}{(1/2) \cdot (U_{PL} + U_{Th})}$	$t_{C8} = \frac{R_{Goff} \cdot Q_{GS2}}{1/2 \cdot (U_{PL} + U_{Th})}$
-	$t_{SD} = t_{Delay} - (Q_{Oss}/I_{DS})$

In der Tab. 2.2 sind alle benötigten Formeln gemäß Lit. [2] hinterlegt. Die Schaltverluste hängen dabei immer maßgeblich von den Ein- und Ausschaltzeiten der Schalter ab.

Diese sind mit Hilfe der Abb. 2.14 visuell für den Schalter S_1 gemäß der prinzipiellen Schaltverläufe in der Abb. 2.13 dargestellt. Die Berechnung der jeweiligen Zeitdauer ist in Tab. 2.3 hinterlegt. Es ist ersichtlich, dass die kürzestmögliche Zeitdauer und somit auch Schaltverluste jeweils mit dem kleinstmöglichen Gate-Vorwiderstand erzielt werden können. Da durch ein sehr schnelles Schalten allerdings der transiente Spannungsüberschwingvorgang beim Ausschalten zu einer Überspannung am Schalter führen kann, wird für die gesamte Optimierung ein typischer Wert für den Ein- und Ausschaltwiderstand gewählt. Dies orientiert sich auch an der Randbedingung, dass in der Optimierung auf Größen, die aus dem Leiterplattendesign resultieren, verzichtet werden soll.

Gemäß der Lit. [2] kann bei der Verlustabschätzung noch der Stromrippel durch die Induktivität für den Tiefsetzsteller berücksichtigt werden. Auf diesen Ansatz wird in der vorgestellten Abschätzung aufgrund des geringen Stromrippels verzichtet. Die Berechnungen der Zeiten t_{C1} bis t_{C8} sind in der Tab. 2.3 aufgelistet. In Abb. 2.14 ist für den hart schaltenden Schalter S_1 graphisch dargestellt, um welche Zeit es sich jeweils handelt.

Werden mehrere Schalter parallel verschalten, so wird der Strom durch einen Schalter mit dem Faktor 1/m reduziert. Die resultierenden Durchlassverluste P_{Cond} aller Schalter reduzieren sich folglich auch um diesen Faktor. Dementgegen steigen die Verluste, die nicht vom Strom abhängig sind, mit dem Faktor m. Hierzu kann man beispielsweise die Verluste P_{Coss} zählen, welche lediglich von den Eigenschaften der Schalter und der Frequenz abhängen. Unter diesen Randbedingungen wird die folgende Berechnung für die Gesamtverluste eines Flying-Capacitor-Multilevel-Umrichters mit m parallelen Schaltern aufgestellt:

$$\begin{aligned} P_S = (N-1) \cdot \Big(& m \cdot (P_{off1} + P_{on1} + P_{on2} + P_{off2}) \\ & + 2 \cdot m \cdot (P_{Coss} + P_G) + \frac{1}{m} \cdot P_{Cond} + P_{SD,on} + P_{SD,off} \Big). \end{aligned} \tag{2.20}$$

2.5 Monte-Carlo-Optimierung des Umrichterdesigns

Die Suche nach einem optimalen Design stellt eine Herausforderung dar – insbesondere dann, wenn es mehrere Optimierungskriterien gibt. Für den dargestellten Flying-Capacitor-Multilevel-Umrichter sind das die Effizienz und das Volumen des Umrichters. Das Problem besteht darin, dass sich die Optimierungskriterien oftmals gegenseitig negativ beeinflussen. Ein Beispiel dafür ist die Erhöhung der Schaltfrequenz zum Zwecke der Volumenreduktion. Dadurch entstehen größere Verluste an den Schaltern, wodurch die Effizienz reduziert wird. Ziel ist es demnach, ein optimales Design mit einem Kompromiss zwischen beiden Kriterien zu finden. Ein geeignetes Instrument für ein solches Optimierungsproblem ist die Monte-Carlo-Optimierung. Bei dieser werden die Designs für zufällig gewählte Parameter berechnet. Zuerst müssen alle festgelegten Randbedingungen erfüllt werden und anschließend wird das erzielte Volumen und die Effizienz berechnet. Ist mindestens eines der Kriterien besser als bei den berechneten Entwürfen zuvor, wird diese Auslegung gespeichert und mittels einer Graphik visualisiert. In dem Diagramm kann folglich erkannt werden, welche Entwürfe zumindest in einem der beiden Kriterien optimal sind. Diese Auslegungen, in denen es nicht möglich ist, ein Optimierungskriterium zu verbessern, ohne das andere Optimierungskriterium negativ zu beeinflussen, definieren die Pareto-Front. In der Abb. 2.15 ist ein Flussdiagramm dargestellt, welches den Programmablauf beschreibt. Das Programm zur Berechnung der Pareto-Front orientiert sich an dem noch detaillierteren Programm für Zweilevel- bzw. Dreilevel-Umrichter aus der Lit. [32]. Auf eine noch ausführlichere Berechnung wird in dieser Optimierung verzichtet, da hierfür zum Beispiel thermische Modelle oder reale Drosselkerne mit abgeschätzt werden müssen. Dies ist allerdings nicht der Fokus dieser Arbeit. Die vorgestellte Optimierung soll lediglich einen geeigneten Bereich für die Auslegung vorgeben.

Der Programmablauf in der Abb. 2.15 startet mit der Festlegung der Randbedingungen. Diese sind zum Teil in der Tab. 2.1 dargestellt. Daraufhin werden sinnvolle Bereiche für variable Parameter gewählt, was dazu dient, die Datenmenge in einem vernünftigen Rahmen zu halten sowie die Genauigkeit in diesem Bereich zu erhöhen. Beispielsweise kann eine Schaltfrequenz von weniger als einem Kiloherz für den Niederspannungsbereich als zu gering eingestuft werden. Für die variablen Parameter wird zusätzlich noch eine Schrittweite definiert, da zum Beispiel für die Parallelschaltung nur natürliche Zahlen realisiert werden können. An dieser Stelle wird zudem ein Abbruchkriterium festgelegt, welches die maximale Anzahl an Berechnungen (Optimierungsdurchläufe) auf sinnvolle Werte begrenzt. Als erster Schritt innerhalb der Berechnungsschleife werden die variablen Parameter nach dem Zufallsprinzip innerhalb der definierten Bereiche festgelegt. Anhand dieser werden die minimal benötigten elektrischen Komponenten ermitteln. Als Grundlage dieser Berechnung dienen die definierten Randbedingungen aus dem ersten Schritt und die vorgestellten Formeln zur Auslegung der Komponenten aus den vorherigen Abschnitten. Nachfolgend werden die Verluste der Schalter berechnet. Für die Bestimmung werden jeweils reale Schalter gewählt, welche für die gewählte Anzahl an Spannungslevel geeignet sind. Die Verluste der Drosseln spielen gemäß den Messungen in Kapitel 4 eine untergeordnete Rolle und werden aufgrund des vorab definierten Stromrippels als konstant angenommen. Im nächsten Schritt wird die in den elektrischen Komponenten gespeicherte Energie

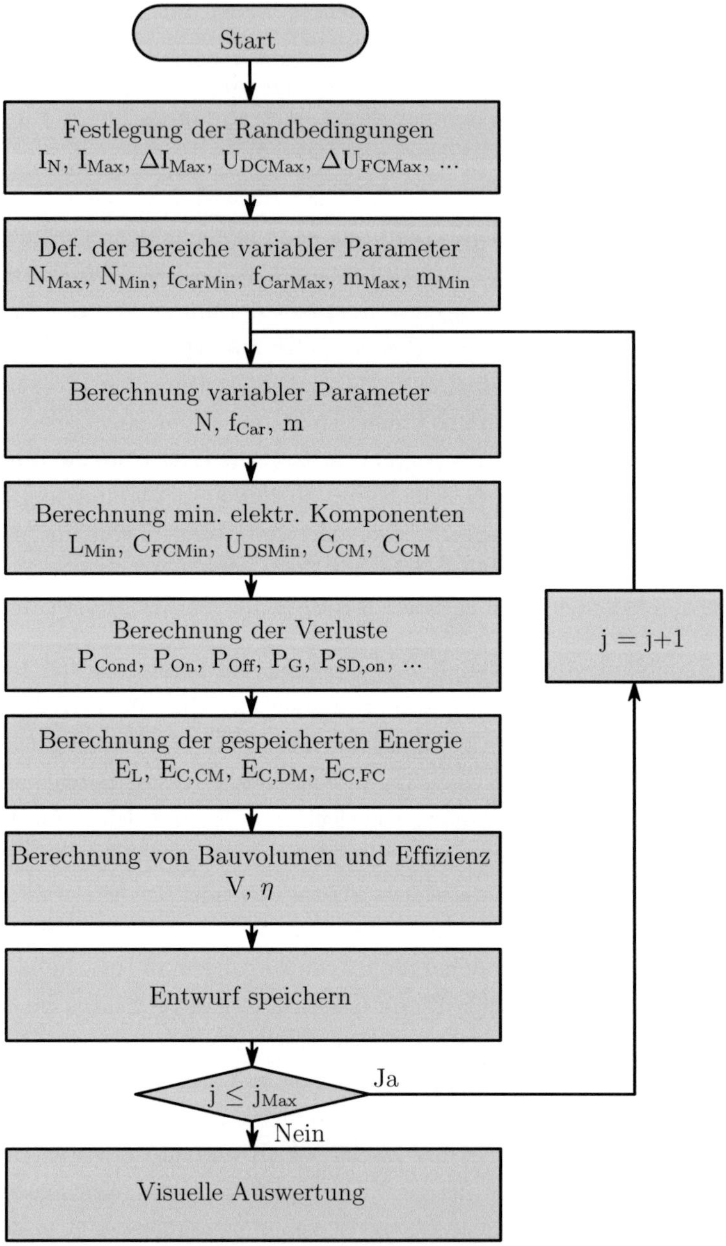

Abbildung 2.15: Programmablauf der Monte-Carlo-Optimierung. Der Parameter j zählt die Berechnungsschritte und führt ab einem definierten Wert zum Abbruch der Berechnungsschleife.

berechnet. Mit dieser Energie und den Verlusten ist es folglich möglich, das Bauvolumen abzuschätzen. Hierfür werden volumenspezifische Energiedichten für die einzelnen Komponenten benötigt. Diese werden anhand von aktuellen Produkten bestimmt und beispielsweise für die Drossel linear über die Frequenz approximiert. Folglich werden Drosseln für sehr hohe Frequenzen aufgrund anderer Kernmaterialien mit einer geringfügig niedrigeren volumenspezifischen Energiedichte gewichtet. Das Kühlvolumen und der Wirkungsgrad werden anhand der Verluste der Schalter und der Drossel bestimmt. Anhand der berechneten Effizienz und des Bauvolumens wird der Entwurf gespeichert, falls er Pareto-optimal ist. In den nachfolgenden Darstellungen sind jedoch alle berechneten Entwürfe gespeichert worden, um zusätzlich eine Aussage über den Einfluss unterschiedlicher Parameter treffen zu können. Als Nächstes wird geprüft, ob das Abbruchkriterium schon erreicht wurde. Falls dies nicht der Fall ist, wird eine weitere Berechnungsschleife mit anderen Parametern gestartet. Ist die maximale Anzahl an Berechnungen erreicht, so erfolgt die visuelle Darstellung und die Bestimmung einer geeigneten Auslegung.

Dieses Programm wird für den Flying-Capacitor-Umrichter durchgeführt. Anhand der Ergebnisse kann ein geeignetes optimales Design auf der Pareto-Front gewählt werden. Dieses stellt den gewünschten Kompromiss zwischen den beiden Optimierungskriterien Effizienz und Volumen dar. Die Ergebnisse der Monte-Carlo-Optimierung sind in Abb. 2.16 und Abb. 2.17 dargestellt. Jeder Stern beziehungsweise Punkt in den Diagrammen entspricht einer möglichen Auslegung für einen Flying-Capacitor-Multilevel-Umrichter. Um das Verständnis zu erhöhen, werden nicht nur die Pareto-optimalen, sondern alle berechneten Entwürfe dargestellt. Dadurch kann zur Veranschaulichung in den beiden Diagrammen jeweils ein Parameter hervorgehoben werden. Ist lediglich die Suche nach einem optimalen Entwurf interessant, kann auf diese Visualisierung allerdings verzichtet werden.

In der Abb. 2.16 wird die Abhängigkeit der Spannungslevel in Bezug zu den beiden Optimierungskriterien dargestellt. Es ist zu erkennen, dass eine Anzahl zwischen acht und elf Level im Hinblick auf die Effizienz und das Volumen vorteilhaft ist. Daraus kann geschlossen werden, dass es effizienter ist, eine größere Anzahl an GaN-Schaltern mit einer niedrigeren Drain-Source-Spannung zu wählen, als eine geringere Anzahl von Schaltern mit einer hohen Drain-Source-Spannung. Die Schalter schalten in Entwürfen mit einer höheren Spannungslevelanzahl bei gleichbleibenden Ausgangsschaltfrequenz nur mit einer niedrigeren Schaltfrequenz. Um beispielsweise 800 kHz Schaltfrequenz am Ausgang zu erhalten, müssen die vier Schalter (650 V Schalter) eines Dreilevel-Designs jeweils mit einer Schaltfrequenz von 400 kHz schalten. In einem Neunlevel-Design müssen die 16 Schalter (150 V oder 200 V Schalter) lediglich mit einer Schaltfrequenz

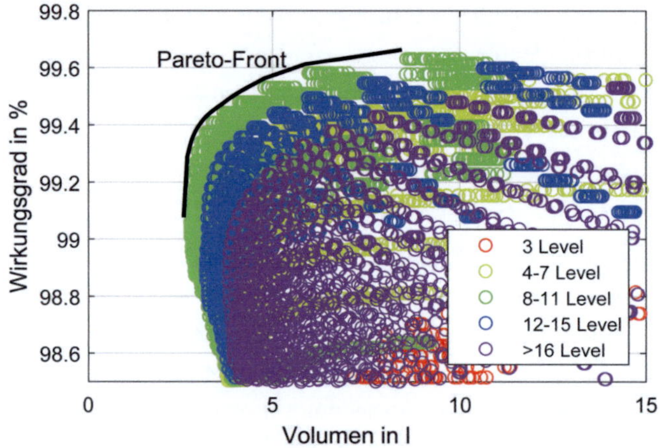

Abbildung 2.16: Monte-Carlo-Optimierung der Flying-Capacitor-Auslegung. Jeder Punkt definiert eine mögliche Auslegung des Umrichters. Die Anzahl an Spannungslevel ist hervorgehoben, um einen sinnvollen Bereich dieser zu erkennen. Die Pareto-Front definiert die bestmöglichen Auslegungen, bei denen es nicht möglich ist, ein Optimierungskriterium zu verbessern, ohne das andere negativ zu beeinflussen.

von 100 kHz schalten. Zusätzlich ist die Amplitude der geschalteten Ausgangsspannung eines Neunlevel-Umrichters noch um den Faktor vier geringer.

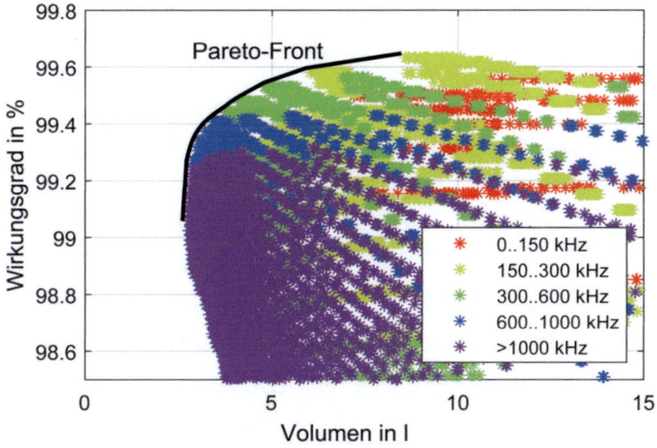

Abbildung 2.17: Monte-Carlo-Optimierung der Flying-Capacitor-Auslegung. Jeder Punkt definiert eine mögliche Auslegung des Umrichters. Die resultierende Schaltfrequenz ist hervorgehoben, um einen sinnvollen Bereich dieser zu erkennen. Die Pareto-Front definiert die bestmöglichen Auslegungen, bei denen es nicht möglich ist, ein Optimierungskriterium zu verbessern, ohne das andere negativ zu beeinflussen.

In der Abb. 2.17 ist die Monte-Carlo-Optimierung im Bezug auf die Ausgangsschaltfrequenz dargestellt. Die kleinstmöglichen Auslegungen besitzen eine Ausgangsschaltfrequenz von über 1 MHz. Dies liegt an den stark reduzierten passiven Komponenten wie der Ausgangsdrossel und den Flying-Capacitors. Eine weitere Erhöhung der Schaltfrequenz führt allerdings zu mehr Verlusten, wodurch dieser Vorteil, aufgrund eines höheren Kühlvolumens kompensiert wird. Im Gegensatz dazu werden die besten Ergebnisse im Hinblick auf die Effizienz mit einer Ausgangsschaltfrequenz von 150 kHz bis 300 kHz erzielt. In solch einem Entwurf schaltet ein Schalter bei einer Levelanzahl zwischen acht und elf Spannungslevel lediglich mit einer Schaltfrequenz von 15...40 kHz. Ein Trade-off zwischen diesen beiden Extrema ist ein Entwurf mit einem berechneten Wirkungsgrad von 99,4 % und einem geschätzten Volumen von etwa drei Liter. Beispielsweise liegt ein Entwurf mit neun Spannungslevel und 800 kHz Schaltfrequenz in diesem Bereich. Diese Auslegung wird final gewählt, da mit neun Spannungslevel lediglich acht Trägersignale der PSPWM erzeugt werden müssen. Dies hat den Vorteil, dass im Gegensatz zu beispielsweise einer Elflevel-Variante eine geringe Anzahl an Bauteilen für die Ansteuerung verwendet werden kann. Zudem eignen sich acht Trägersignale mit einer Frequenz von 100 kHz gut, um auch mit einem Low-Cost FPGA noch eine hinreichend große Auflösung der Ausgangsspannung zu erzielen. Die Schaltfrequenz pro Schalter beträgt 100 kHz. Zudem muss das parallele Schalten von zwei Schaltern realisiert werden. Der Hardwareentwurf einer Schaltzelle und des gesamten Umrichters wird im Kapitel 4 genauer erläutert.

2.6 Vergleich zur Si-Technologie

In dem dargestellten Spannungsbereich sind derzeit oftmals Si-basierte MOSFETs im Einsatz. Um die Unterschiede zwischen der GaN-Technologie und der Si-Technologie zu erläutern, wird im Nachfolgenden ein Vergleich der beiden Technologien durchgeführt. Hierfür werden exemplarisch unterschiedliche Si-basierte Schalter der Firma Infineon betrachtet. Die Daten zur Berechnung der Effizienz werden aus den Datenblättern bezogen und für die gleichen Randbedingungen wie die GaN-Schalter betrachtet. Es muss allerdings darauf geachtet werden, dass es aufgrund der Si-Technologie noch eine zusätzliche Komponente bei den Verlusten gibt. Diese Verluste sind die Reverse-Recovery Verluste, welche als zusätzliche Schaltverluste entstehen. Das Reverse-Recovery-Verhalten tritt beim Ausschalten des diodenleitenden Zustandes auf. Findet der Übergang vom leitenden in den sperrenden Zustand statt, so muss die gespeicherte Ladung der Body-Diode abgebaut werden [33]. Diese Ladung führt zu einem Stromfluss in Rückwärtsrichtung der Diode. Abhängig von dem verwendeten Schalter unterscheidet sich das Verhalten dieses Reverse-Recovery-Verhaltens zum Teil stark. Bei der GaN-Technologie gibt es ein solches Verhalten und die damit verbundenen Verluste nicht. Zur Berechnung dieser Verluste wird Gl. 2.21 aus Lit. [2] verwendet:

$$P_{RR} = E_{RR} \cdot f_S = Q_{RR} \cdot U_{DS} \cdot f_S. \tag{2.21}$$

Werden die Verluste der Si-Technologie bei gleicher Levelanzahl und Schaltfrequenz wie aus der Optimierung für GaN betrachtet, so erzeugt der resultierende Umrichter Verluste, welche um einen Faktor von etwa fünf größer sind. Der Umrichter hätte bei Nennleistung einen Wirkungsgrad von 97 %. Diese starke Erhöhung resultiert aus der hohen Schaltfrequenz von 100 kHz, welche für Si-MOSFETs ohne resonantes Schalten in dem betrachteten Leistungsbereich mit hohen Verlusten verbunden ist. Aufgrund dieser Verluste wird demnach auch ein größeres Kühlvolumen und folglich Gesamtvolumen benötigt. Das Gesamtvolumen dieser Auslegung beträgt acht Liter und ist folglich um einen Faktor von nahezu drei größer als die theoretische Auslegung für GaN. Es ist für Si-Schalter anzunehmen, dass eine geringere Schaltfrequenz in einer höheren Effizienz und einem geringeren Gesamtvolumen resultiert. Infolgedessen verschiebt sich das Optimum der Auslegung, sodass für einen fairen Vergleich der Technologien erneut eine Monte-Carlo-Optimierung erstellt werden muss. Die Optimierung wird mit identischen Randbedingungen und demnach auch mit Si-Schaltern für unterschiedlichen Spannungsklassen durchgeführt. Das Ergebnis dieser Optimierung ist erneut in zwei unterschiedlichen Abbildungen ausgeführt. In Abb. 2.18 wird die Anzahl der Spannungslevel hervorgehoben, während in Abb. 2.19 die unterschiedlichen Schaltfrequenzen dargestellt werden.

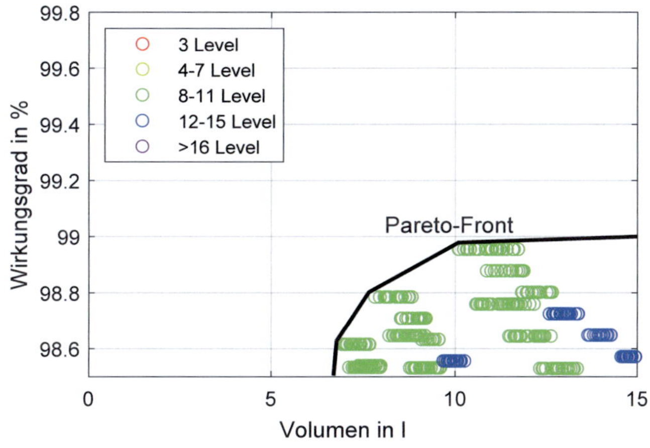

Abbildung 2.18: Monte-Carlo-Optimierung der Flying-Capacitor-Auslegung für die Si-Technologie. Jeder Punkt definiert eine mögliche Auslegung des Umrichters. Die resultierende Anzahl an Spannungslevel sind hervorgehoben, um einen sinnvollen Bereich dieser zu erkennen.

Im Hinblick auf die Spannungslevel liegt ein geeignetes Optimum zwischen Volumen und Wirkungsgrad auch bei der Si-Technologie zwischen acht und elf Spannungslevel. Wird die Schaltfrequenz betrachtet, gibt es allerdings einen großen Unterschied. Das Optimum liegt hierfür im Bereich von 150 kHz bis 300 kHz. Dies hat bei der genannten Levelanzahl Schaltfrequenzen unterhalb von 40 kHz zur Folge. Dies beruht hauptsächlich auf den erhöhten Schaltverlusten aufgrund der größeren parasitären Kapazitäten und des Reverse-Recovery-Effektes.

Ein Kompromiss zwischen dem Volumen und der Effizienz, welcher Pareto-optimal ist erzielt eine maximale Effizienz von 98,8 % und ein Volumen von 7,5 Liter. Verglichen mit dem theoretischen GaN-Entwurf ist dies eine Vergrößerung des theoretischen

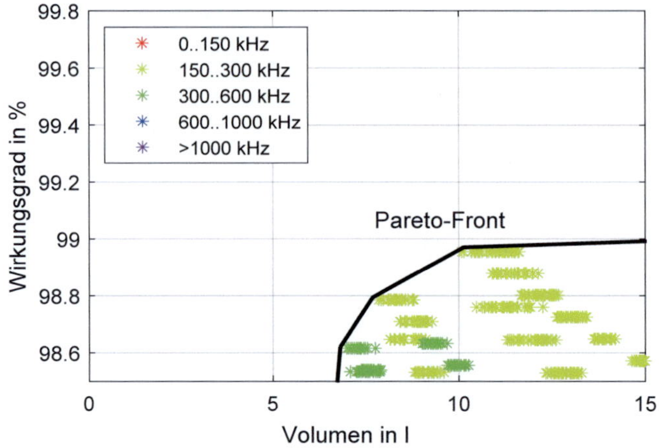

Abbildung 2.19: Monte-Carlo-Optimierung der Flying-Capacitor-Auslegung für die Si-Technologie. Jeder Punkt definiert eine mögliche Auslegung des Umrichters. Die resultierende Schaltfrequenz ist hervorgehoben, um einen sinnvollen Bereich dieser zu erkennen.

Volumens um einen Faktor von 2,5 und eine Verdoppelung der Verluste. Es sei zudem angemerkt, dass die Optimierung der Si-Technologie auch Entwürfe ergibt, welche Wirkungsgrade oberhalb von 99% erzielen. Diese verwenden sehr geringe Schaltfrequenzen und resultieren demnach in einem Volumen oberhalb von 15 Liter. Aus diesem Grund sind diese Entwürfe nicht in den Abbildungen enthalten. Der dargestellte Vergleich zwischen der GaN- und Si-Technologie zeigt, dass das gesamte Potential einer solchen Multilevel-Anwendung lediglich mit GaN ausgeschöpft werden kann.

Kapitel 3

Natural-Balancing der Flying-Capacitors

3.1 Statisches Modell: Mittelwertmodell

Der in der Literatur als Natural-Balancing oder Voltage-Balancing bezeichnete Effekt tritt auf, falls die Schalter eines Flying-Capacitor-Multilevel-Umrichters mit Hilfe der PSPWM betrieben werden. Dieser Effekt beschreibt die automatische Symmetrierung der Flying-Capacitor-Spannungen. Die Spannungen werden dabei auf den jeweiligen Spannungswert gemäß Abb. 2.2 geladen. Das statische Verhalten des Natural-Balancings kann anhand des vereinfachten Mittelwertmodells hergeleitet werden. Dazu wird ein Dreilevel-Umrichter untersucht. Die Schalter des Umrichters werden als ideal angenommen. Die Umschaltzeitpunkte des Ausschaltens und des Einschaltens werden gemäß Abb. 3.1 mit t_{Aus} und t_{Ein} bezeichnet. Die Spannung am Schalter kann demnach während des Betriebes lediglich die beiden folgenden Zustände annehmen:

$$u_S(t) = \begin{cases} 0 & \text{falls } 0 \leq t < t_{Aus} \\ U_{DC}/(N-1) & \text{falls } t_{Aus} \leq t < t_{Ein}. \end{cases} \tag{3.1}$$

Ist die Zeitdauer im ausgeschalteten Betrieb der Schalter genauso lange wie im eingeschalteten Betrieb, so lässt sich der Mittelwert der Schalterspannung folgendermaßen berechnen:

$$\overline{U_S} = \frac{U_{DC}}{(N-1) \cdot 2}. \tag{3.2}$$

Der Mittelwert der Spannung an den Flying-Capacitors kann durch das Auflösen

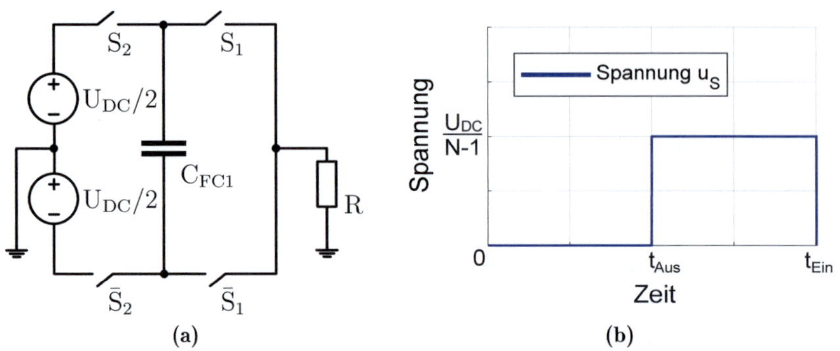

Abbildung 3.1: (a) Ersatzschaltbild des Mittelwertmodells anhand eines Dreilevel Flying-Capacitor-Umrichters. (b) Prinzipieller Spannungsverlauf eines Schalters im stationären Betrieb.

der Maschengleichungen ermittelt werden. Resultierend liegt im Fall des Dreilevel-Umrichters an jedem Schalter im Mittel eine Spannung von $U_{DC}/4$ an. Daher liegt an dem Flying-Capacitor C_{FC1} eine Spannung von $U_{DC}/2$ an, was dem erwarteten Spannungswert entspricht.

3.2 Transientes Modell: Ansatz über Frequenzanteile

Das Mittelwertmodell ist stark vereinfacht und beschreibt lediglich das statische Verhalten des Balancings. Um Effekte wie das Verhalten bei unsymmetrischer Spannung beispielsweise aufgrund eines Spannungssprungs theoretisch zu betrachten, muss auf ein erweitertes Modell zurückgegriffen werden. Mit diesem Modell wird folglich das transiente Verhalten des Natural-Balancings detaillierter widergespiegelt. In diesem erweiterten Modell wird der Flying-Capacitor-Umrichter, wie in Abb. 2.2 dargestellt, mit Hilfe von gesteuerten Strom- und Spannungsquellen vereinfacht. Hierfür werden die Schalter wie für das vorherige Modell als ideal angenommen. Sie können somit lediglich den Ein- oder Auszustand annehmen, wodurch jegliche Art der Kommutierung der Schalter vernachlässigt wird. Das resultierende Ersatzschaltbild ist in Abb. 3.2 zu sehen.

Jeder Flying-Capacitor wird als eigene Schaltzelle betrachtet, welche aus einer Stromquelle und einem Kondensator besteht. Die zugehörigen Schalter, welche direkt an dem jeweiligen Flying-Capacitor angeschlossen sind, werden durch die Steuerfunktion der Stromquelle berücksichtigt. Das Laden und Entladen der Kondensatoren kann dementsprechend abhängig von dem jeweiligen Schaltzustand und dem aktuellen

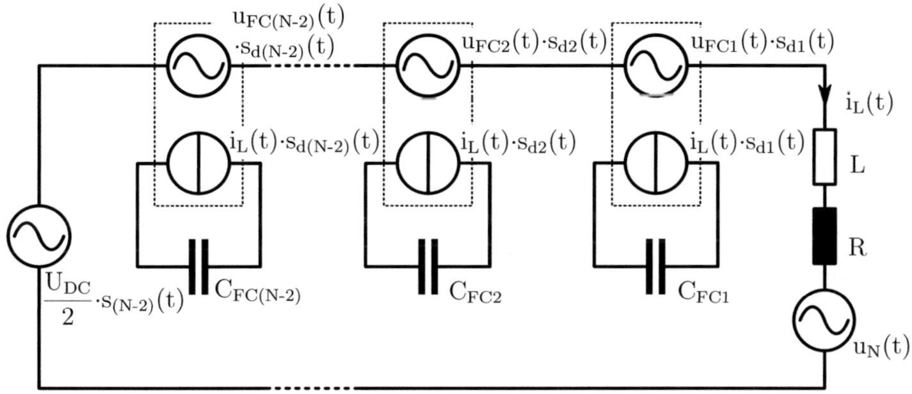

Abbildung 3.2: Vereinfachtes Ersatzschaltbild des Flying-Capacitor-Umrichters für ideale Schalter. Die Schalter und Flying-Capacitors werden jeweils über Strom und Spannungsquellen mit den zugehörigen Schaltdifferenzfunktionen approximiert.

Laststrom berechnet werden. Die Steuerfunktion der Stromquelle ist durch die Schaltdifferenzfunktion gegeben. Diese beschreibt, ob die beiden nachfolgenden Schalter unterschiedliche Werte annehmen und der Strom somit durch den Kondensator oder den Schalter fließt. Die Schaltdifferenzfunktion beträgt den Wert eins, wenn beispielsweise S_2 im eingeschalteten Zustand und S_1 im ausgeschalteten Zustand ist. Daraufhin fließt der Laststrom durch den Flying-Capacitor und dieser wird geladen. Auf Seite der Ausgangsspannung wird der jeweilige Schaltvorgang über eine Spannungsquelle realisiert. Diese kann auch abhängig von der Schaltdifferenzfunktion für den Wert eins und minus eins den Spannungswert des jeweiligen Flying-Capacitors, oder einen Spannungswert von 0 V annehmen, falls die Schaltdifferenzfunktion null ist.

3.2.1 Mathematische Approximation der Schaltfunktion

Zur Herleitung des Balancing-Effektes benötigt man eine mathematisch zeitliche Beschreibung der Schaltdifferenzfunktion. Zu deren Ermittlung muss vorerst die Schaltfunktion bestimmt werden. Diese Funktion definiert die zeitvarianten Zustände der Schalter für die PSPWM analytisch. Hierfür dient die nachfolgend diskutierte mathematische Funktion, deren Herleitung sich auf die Veröffentlichungen [34],[1],[35] und [36] stützt. Die Schaltfunktion wird mit Hilfe einer doppelten Fourierreihe abhängig von der Frequenz, der Levelanzahl und des Modulationsgrades approximiert. Die resultierende analytische Beschreibung der k-ten Schaltfunktion wird mit der Gl. 3.3

definiert.

$$s_k(t) = \frac{1}{2} + \frac{M}{2} \cdot cos(\omega_0 \cdot t + \phi_0) + \sum_{m=1}^{\infty} \sum_{n=-\infty}^{\infty} \left\{ \frac{2}{m\pi} \cdot sin\left([m+n] \cdot \frac{\pi}{2} \right) \right. \\ \left. \cdot J_n\left(m \cdot \frac{\pi}{2} \cdot M \right) \cdot cos\left(m \cdot [\omega_C \cdot t + \phi_{C,k}] + n \cdot [\omega_0 \cdot t + \phi_0] \right) \right\} \tag{3.3}$$

Der Parameter k beschreibt das jeweilige Trägersignal des betreffenden Schalters. In Gl. 3.3 ist $J_n(x)$ die Besselfunktion n-ter Ordnung. Der Wert $\Phi_{C,k}$ ist die Phasenverschiebung des jeweiligen Trägersignals (Carrier) der PWM, welcher gemäß der Gl. 3.4 ermittelt werden kann.

$$\phi_{C,k} = \frac{2(k-1) \cdot \pi}{N-1} \tag{3.4}$$

Ein zeitdiskretes Ergebnis von der Schaltdifferenzfunktion mit den Parametern aus Tab. 3.1 ist in der Abb. 3.3 ersichtlich. Gemäß der Detailansicht in Abb. 3.3 wird angenommen, dass ein Reihenabbruch nach jeweils der zehnten harmonischen Komponente von Netz- und Trägerfrequenz eine ausreichende Genauigkeit erreicht. Diese Annahme wurde anhand Simulationen mit einer unterschiedlichen Anzahl an harmonischen Komponenten exemplarisch validiert. In den weiteren Betrachtungen wird somit jeweils bis einschließlich der zehnten harmonisch Komponente gerechnet.

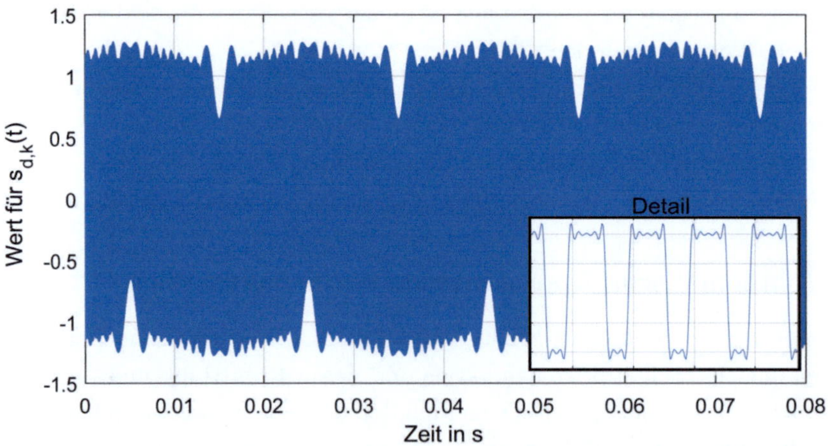

Abbildung 3.3: Darstellung der approximierten Schaltfunktion im Zeitbereich. Diese Approximation erfolgt mittels einer doppelten Fourierreihe mit jeweils bis einschließlich der zehnten harmonischen Komponenten der Frequenz.

Tabelle 3.1: Parameter der simulierten Schaltfunktion

Parameter	Symbol	Wert
Winkelgeschwindigkeit Modulationssignal	ω_0	$2\pi 50$ Hz
Harmonische Koeffizienten Modulationssignal	m	10
Winkelgeschwindigkeit Trägersignal	ω_C	$2\pi 100$ kHz
Harmonische Koeffizienten Trägersignal	n	10
Modulationsindex	M	0,8
Phasenverschiebung Modulationssignal	Φ_0	0
Besselfunktion n-te Ordnung	J_n	

Zur Berechnung der Schaltdifferenzfunktion müssen lediglich die beiden Schaltfunktionen von den benachbarten Schaltern subtrahiert werden.

$$s_{d,k}(t) = s_{(k+1)}(t) - s_k(t) \tag{3.5}$$

Berücksichtigt man das Additionstheorem in Gl. 3.6, so kann der resultierende Ausdruck noch weiter vereinfacht werden:

$$cos(x) - cos(y) = -2 \cdot sin\left(\frac{x+y}{2}\right) \cdot sin\left(\frac{x-y}{2}\right). \tag{3.6}$$

Die aus Gl. 3.5 ergebende Schaltdifferenzfunktion kann folgerichtig durch die Gl. 3.7 bestimmt werden. Zudem kann für die einphasige Betrachtung angenommen werden, dass Φ_0 den Wert null annimmt. Resultierend wird die Schaltdifferenzfunktion wie folgt berechnet:

$$\begin{aligned} s_{d,k}(t) = \sum_{m=1}^{\infty}\sum_{n=-\infty}^{\infty}&\left\{\frac{2}{m\pi} \cdot sin\left([m+n] \cdot \frac{\pi}{2}\right) \cdot J_n\left(m \cdot \frac{\pi}{2} \cdot M\right)\right. \\ &\left.\cdot 2 \cdot cos\left(m \cdot \omega_C \cdot t + n \cdot \omega_0 \cdot t + \frac{m \cdot \pi \cdot (2k-1)}{2} + \frac{\pi}{2}\right) \cdot sin\left(\frac{m \cdot \pi}{N-1}\right)\right\}. \end{aligned} \tag{3.7}$$

Mit Hilfe dieser Schaltdifferenzfunktion ist es möglich die Steuerfunktionen, den Strom- und die Spannungsquellen, gemäß der Abb. 3.2, analytisch zu berechnen. Dazu müssen lediglich die unterschiedlichen Differentialgleichungen (DGLen) des Systems aufgestellt werden.

3.2.2 Herleitung der Systemgleichungen

Anhand des Ersatzschaltbildes gemäß Abb. 3.2 können die folgenden DGLen für die Spannungen der Kondensatoren und den Ausgangsstrom aufgestellt werden:

$$\frac{dU_{FC(N-2)}(t)}{dt} = \frac{1}{C_{FC,N-2}} \cdot s_{d(N-2)}(t) \cdot i_{Last}(t) \tag{3.8}$$

$$\frac{dU_{FC2}(t)}{dt} = \frac{1}{C_{FC2}} \cdot s_{d(2)}(t) \cdot i_{Last}(t) \tag{3.9}$$

$$\frac{dU_{FC1}(t)}{dt} = \frac{1}{C_{FC1}} \cdot s_{d(1)}(t) \cdot i_{Last}(t) \tag{3.10}$$

$$\begin{aligned} \frac{di_{Last}(t)}{dt} = \frac{1}{L} \cdot \Bigg(&- s_{d(N-2)}(t) \cdot u_{FC(N-2)}(t) - s_{d2}(t) \cdot u_{FC2}(t) \\ -s_{d1}(t) \cdot u_{FC1}(t) - R \cdot i_{Last}(t) &+ \frac{U_{DC}}{2} \cdot s_{(N-2)}(t) - u_N(t) \Bigg). \end{aligned} \tag{3.11}$$

Diese können in ein Zustandsraummodell, mit dem Zustandsvektor $\underline{\mathrm{x}}(\mathrm{t})$, überführt werden. Es ist anhand der Betrachtung der DGLen von Gl. 3.8 bis Gl. 3.11 unschwer zu erkennen, dass das Modell nichtlinear ist. Dies liegt an der Tatsache, dass die [**A**]- und die [**B**]-Matrix des zugehörigen Zustandsraummodelles in Gl. 3.25 zeitabhängig sind. Im Nachfolgenden werden zwei Möglichkeiten betrachtet, dieses System zu analysieren:

- Linearisiertes Modell
- Zeitvariantes Modell

3.2.3 Linearisiertes Modell

Der linearisierte Ansatz wurde als Erstes von Holmes [36], [35] und [1] beschrieben. In diesem Ansatz werden die Schaltfunktion und die Schaltdifferenzfunktion vorerst wie in Gl. 3.3 approximiert. Unter Verwendung dieser Funktionen kann der Strom anhand der ungefilterten Ausgangsspannung und des frequenzabhängigen Wechselstromwiderstandes gemäß Gl. 3.12 bestimmt werden. Es ist zu beachten, dass der Wechselstromwiderstand mit der Frequenz variiert. Es werden vorerst lediglich die frequenzabhängigen Komponenten der einzelnen Parameter betrachtet:

$$\underline{Z}_{L,m,n} = |\underline{Z}_{L,m,n}| \cdot e^{j\psi_{m,n}}. \tag{3.12}$$

Mit dem frequenzabhängigen Strom kann nachfolgend die Spannung der jeweiligen Kondensatoren anhand der DGLen 3.8,3.9 und 3.10 berechnet werden. In den Veröffentlichungen [37] und [1] wurde mit Hilfe des folgenden trigonometrischen Ansatzes in Gl. 3.13 die Spannungsfunktion der jeweiligen Kondensatoren aufgestellt:

$$cos^2(x) = \frac{1}{2}[cos(x-x) + cos(x+x)] = \frac{1}{2} \cdot (1 + cos(2x)) \,. \tag{3.13}$$

Die resultierende Komponente mit dem doppelten Frequenzanteil wurde in den genannten Veröffentlichungen vernachlässigt, da für die Autoren lediglich das niederfrequente Verhalten von Interesse war. Daraufhin resultiert die folgende Gleichung für die Spannung der Kondensatoren:

$$\begin{aligned} \frac{du_{FCk,mn}(t)}{dt} &= \frac{1}{C_{FCk}} \cdot \left\{ \frac{A_{mn} \cdot B_{mn}}{2|\underline{Z}_{L,mn}|} cos(\gamma_m - \theta_{k,m} - \psi_{m,n}) \cdot \frac{U_{DC}}{2} \right. \\ &\left. - \sum_{l=1}^{N-2} \left[\frac{A_{mn}^2 \cdot B_{mn}}{2|\underline{Z}_{L,mn}|} cos(\theta_{l,m} - \theta_{k,m} - \psi_{m,n}) \cdot u_{FC,l}(t) \right] \right\}. \end{aligned} \tag{3.14}$$

Die Spannung der Kondensatoren ist demnach unabhängig von der zeitlichen Komponente, sodass das Gesamtsystem linearisiert betrachtet werden kann. Das gesamte linearisierte Zustandsraumsmodell gemäß Lit. [1] ist in Gl. 3.15 zusammenfassend dargestellt. Der Zustandsvektor $\underline{\mathrm{x}}(\mathrm{t})$ beinhaltet lediglich die Spannung der Kondensatoren und nicht den Strom.

$$\underline{\dot{x}}(t) = [\mathbf{A}] \cdot \underline{x}(t) + \underline{B} \cdot U_{DC} \tag{3.15}$$

$$\underline{x}(t) = \begin{pmatrix} u_{FC1} \\ u_{FC2} \\ \vdots \\ u_{FC(N-2)} \end{pmatrix} \tag{3.16}$$

In diesem Fall können $[\mathbf{A}]$ und $\underline{\mathrm{B}}$ mit Hilfe von Gl. 3.17 und Gl. 3.18 ermittelt werden:

$$[\mathbf{A}] = -\sum_{m=1}^{\infty} \sum_{n=-\infty}^{\infty} Re \left\{ \frac{[\mathbf{C}]^{-1}(\underline{\Lambda}_{mn}^* \underline{\Lambda}_{mn}^T)}{2\underline{Z}_L(j\omega_{mn})} \right\} \tag{3.17}$$

$$\underline{B} = -\sum_{m=1}^{\infty} \sum_{n=-\infty}^{\infty} Re \left\{ \frac{[\mathbf{C}]^{-1}(\underline{\Lambda}_{mn}^* \Psi_{mn})}{4\underline{Z}_L(j\omega_{mn})} \right\}. \tag{3.18}$$

Die Komponenten $\underline{\Lambda}_{\mathrm{mn}}$, Ψ_{mn} und $[\mathbf{C}]$ ergeben sich nach der Gl. 3.19, der Gl. 3.20 und der Gl. 3.21.

$$\underline{\Lambda}_{mn} = 2 \cdot sin(\frac{m \cdot \pi}{N-1}) \cdot \frac{2}{m \cdot \pi} \cdot sin([m+n]\frac{\pi}{2}) \cdot J_n(m \cdot \frac{\pi}{2} \cdot M) \cdot \begin{pmatrix} e^{\theta_{1,m}} \\ e^{\theta_{2,m}} \\ \vdots \\ e^{\theta_{N-2,m}} \\ \end{pmatrix} \tag{3.19}$$

$$\Psi_{mn} = \frac{4}{m \cdot \pi} \cdot sin([m+n]\frac{\pi}{2}) \cdot J_n(m \cdot \frac{\pi}{2} \cdot M) \cdot e^{j[2m(N-2)\pi]/(N-1)]} \tag{3.20}$$

$$[\mathbf{C}] = \begin{bmatrix} C_1 & \cdots & 0 \\ \vdots & \ddots & \vdots \\ 0 & \cdots & C_{N-2} \end{bmatrix} \tag{3.21}$$

Für die gewählte Modulationsart wird $\theta_{\mathrm{k,m}}$ in Gl. 3.19 wie folgt bestimmt:

$$\theta_{k,m} = m \cdot \left[\frac{(2k-1) \cdot \pi}{N-1}\right] + \frac{\pi}{2}. \tag{3.22}$$

Zur genauen Herleitung und Berechnung dieser Komponenten wird erneut auf die folgenden Veröffentlichungen [1], [37], [38], [39] und [40] verwiesen. Der Vorteil dieses linearisierten Modells ist, dass man sehr schnell eine Aussage über das Verhalten des Natural-Balancings für das Gesamtsystems treffen kann. Die Berechnungszeit der Simulation ist im Gegensatz zum nichtlinearen Modell stark reduziert.
Bei einem Vergleich mit einer Simulation unter Verwendung des Programmsystems MATLAB/Simulink/Simscape wurde erkannt, dass das linearisierte Modell sehr gute Resultate erzielt. Dieses Verhalten ändert sich allerdings, wenn die passiven Komponenten des Umrichters und der Lastwiderstand minimiert werden. Ein minimaler Lastwiderstand ist für die Simulation einer Einspeisung entscheidend. Im Normalfall befindet sich bei einer Einspeisung zwischen dem Netz und dem Umrichter lediglich das Filter und der ohmsche Widerstand reduziert sich demgemäß auf die parasitären Verluste des Filters und der Schalter. Für diesen Fall kann das linearisierte Modell die Simulation schlecht nachbilden, beziehungsweise den Ansatz mit einer Netzspannungsquelle als Gegenspannungsquelle überhaupt nicht nachbilden. Ein möglicher Ansatz für diesen Fall ist, die Gegenspannungsquelle außer Acht zu lassen und das System so zu berechnen, als wäre lediglich der reduzierte Lastwiderstand gegen das Mittelpunktpotential vorhanden. Eine Simulation für diesen Fall wurde für das linearisierte Modell mit den identischen Größen wie für das nicht linearisierte Modell gemäß Abb. 3.8 durchgeführt. Die Ergebnisse für diese Betrachtung sind in Abb. 3.4 zu sehen. Durch einen Vergleich der Graphen mit dem zeitvarianten Modell gemäß

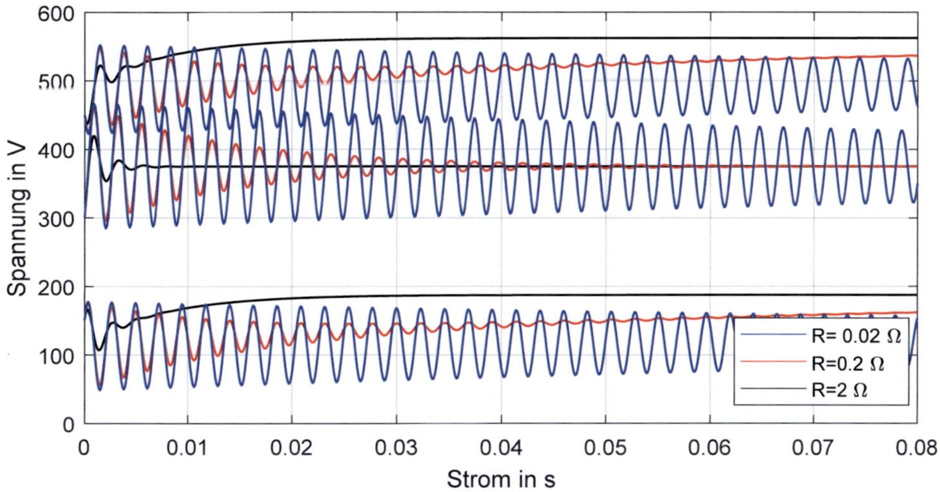

Abbildung 3.4: Darstellung des linearisierten Modells mit unterschiedlichen Lastwiderständen. Die Randbedingungen entsprechen denen aus dem nachfolgenden Lastzenario eins, wobei auf die Betrachtung der Netzspannung verzichtet werden musste. Systemgrößen dieser linearisierten Betrachtung sind lediglich die dargestellten Spannungen der Flying-Capacitors. Diese resultieren beim Betracht eines größeren Zeitfensters in identischen Werten, wobei die Einschwingdauer für kleinere Lastwiderstände stark zunimmt.

Abb. 3.8 wird ersichtlich, dass die Lösungen zum Großteil identisch sind. Für die linearisierte Betrachtung würde allerdings ein hoher 50 Hz Strom von >2000 A für einen Widerstand von 0.2 Ω resultieren. Daher kann angenommen werden, dass der Balancing-Effekt keineswegs abhängig von der Grundschwingung ist, sondern von den hochfrequenten Anteilen des Stromes im Bereich der Schaltfrequenz. Um eine mathematisch korrektere Aussage über das Balancing im netzgebundenen Fall und auch für unterschiedliche Lastszenarios treffen zu können, wird im nachfolgenden Kapitel das nichtlinearisierte zeitvariante Zustandsraummodell betrachtet.

3.2.4 Zeitvariantes Modell

Der zeitvariante Ansatz ermöglicht es, das System für ausgewählte Arbeitspunkte genau zu betrachten. Nachfolgend wird lediglich die Stabilität während der Worst-Case-Arbeitspunkte genauer analysiert. Ein Nachteil dieser Analyse besteht allerdings darin, dass die Simulationsdauer im Gegensatz zu dem linearisierten Ansatz ansteigt. Die System-DGLen 3.8 ,3.9 ,3.10 und 3.11 werden nachfolgend in die Zustandsmatrixform überführt. Das DGL-system ist jedoch nichtlinear, was an den zeitvarianten [**A**]- und [**B**]-Matrizen erkannt werden kann. Die verwendeten Formeln und Herleitungen basieren auf den Grundlagen der Regelungstechnik.

$$\dot{\underline{x}}(t) = [\mathbf{A}](t) \cdot \underline{x}(t) + \underline{B}(t) \cdot U_{DC} \tag{3.23}$$

Der Vektor $\underline{x}(t)$ beinhaltet die Zustände des Systems.

$$\underline{x}(t) = \begin{bmatrix} u_{FC(N-2)}(t) \\ \vdots \\ u_{FC2}(t) \\ u_{FC1}(t) \\ i_{Last}(t) \end{bmatrix} \tag{3.24}$$

Die zeitvariante [**A**]-Matrix wird wie folgt bestimmt:

$$[\mathbf{A}](t) = \begin{bmatrix} 0 & \cdots & 0 & 0 & \frac{s_{d1}(t)}{C_{FC(N-2)}} \\ \vdots & \ddots & \vdots & \vdots & \vdots \\ 0 & \cdots & 0 & 0 & \frac{s_{d1}(t)}{C_{FC2}} \\ 0 & \cdots & 0 & 0 & \frac{s_{d1}(t)}{C_{FC1}} \\ -\frac{s_{d(N-2)}(t)}{L} & \cdots & -\frac{s_{d2}(t)}{L} & -\frac{s_{d1}(t)}{L} & -\frac{R}{L} \end{bmatrix}. \tag{3.25}$$

Die [**B**]-Matrix lässt sich für den dargestellten Fall durch den zeitvarianten Vektor $\underline{B}(t)$ bestimmen:

$$\underline{B}(t) = \begin{bmatrix} 0 \\ \vdots \\ 0 \\ 0 \\ \frac{U_{DC}}{2} \cdot \frac{s_{(N-2)}(t)}{L} - \frac{u_N(t)}{L} \end{bmatrix}. \tag{3.26}$$

Es ist möglich, für dieses Gleichungssystem eine zeitdiskrete Lösung zu finden. Dafür muss das Zustandsraummodell diskretisiert werden. Das diskrete Zustandsraummodell ist demnach gegeben durch:

$$\dot{\underline{x}}(t) = [\mathbf{A}]_d(t) \cdot \underline{x}(t) + \underline{B}_d(t) \cdot U_{DC}. \tag{3.27}$$

Unter Berücksichtigung der Transitionsmatrix,

$$[\mathbf{A}]_d(k) = e^{[\mathbf{A}](t)}, \tag{3.28}$$

lässt sich die Eingangsmatrix folgendermaßen aufstellen:

$$\underline{B}_d(k) = \int_0^T e^{[\mathbf{A}](\tau)} \cdot \underline{B} \cdot d\tau. \tag{3.29}$$

Gemäß der Gl. 3.27 bestimmt der erste Wert von $\underline{\mathrm{x}}(\mathrm{k})$ den Startwert der jeweiligen Systemzustände. Infolgedessen kann die Berechnung auch mit teilweise vorgeladenen Kondensatoren durchgeführt werden. Daher ist die Berechnung auch geeignet, um beispielsweise einen Spannungssprung in der Zwischenkreisspannung zu simulieren. Die darauffolgenden Berechnungsschritte können mittels einer gewählten Schrittweite T ermittelt werden. Diese Simulation und die explizite Berechnung der unterschiedlichen Lastsprünge ist im nachfolgenden Abschnitt beschrieben und wird anhand eines Beispiels analysiert.

3.3 Simulative Betrachtung des Natural-Balancings bei unterschiedlichen Arbeitspunkten

Die Betrachtung des Balancings für unterschiedliche Arbeitspunkte erfolgt anhand eines exemplarischen Flying-Capacitor-Umrichters. Es wird ein Fünflevel-Umrichter mit einem Nennstrom von 40 A gewählt, um die Übersichtlichkeit der einzelnen Kondensatorspannungen im Gegensatz zu einem Neunlevel-Umrichter zu vergrößern. Jeder Schalter wird mit einer Schaltfrequenz von 100 kHz betrieben. Gemäß Gl. 2.3 müssen die Flying-Capacitors mindestens eine Kapazität von 10 μF besitzen, um einen maximalen Spannungsrippel von 20 % zu gewährleisten. Die gesamten Parameter des gewählten Umrichters sind in der folgenden Tab. 3.2 hinterlegt:

Tabelle 3.2: Parameter die Umrichter-Stabilitätsbetrachtung.

Parameter	Symbol	Wert
Anzahl Spannungslevel	N	5
Trägerfrequenz	f_{Car}	100 kHz
Resultierende Ausgangsschaltfrequenz	f_S	400 kHz
Kapazität Flying-Capacitors	C_{FC}	10 μF
Induktivität Strom-Glättungsdrossel	L	10 μH
Nennwert des Laststromes bei 50 Hz	I_{Last}	40 A
Zwischenkreisspannung	U_{DC}	750 V
Ohmscher Lastwiderstand	R	2 Ω;0,2 Ω;0,02 Ω

Netzgebundene Umrichter haben im Hinblick auf die Arbeitspunkte einen großen Arbeitsbereich. Mit ihnen kann ein bidirektionaler Wirk- und Blindleistungsfluss realisiert werden. Da es nicht zielführend ist, jeden Arbeitspunkt einzeln zu analysieren, werden lediglich die Eckpunkte betrachtet. Diese werden jeweils für die drei unterschiedlichen ohmschen Lastwiderstände analysiert. Für die Analyse ergeben sich schließlich die folgenden vier Szenarios:

- Lastszenario eins: Der Laststrom fließt von DC nach AC mit 0° Phasenverschiebung im Bezug auf die Umrichterspannung u_{FC}
- Lastszenario zwei: Der Laststrom fließt von DC nach AC mit 90° Phasenverschiebung im Bezug auf die Umrichterspannung u_{FC}
- Lastszenario drei: Der Laststrom fließt von AC nach DC mit 0° Phasenverschiebung im Bezug auf die Umrichterspannung u_{FC}
- Lastszenario vier: Der Laststrom fließt von AC nach DC mit 90° Phasenverschiebung im Bezug auf die Umrichterspannung u_{FC}

Das vereinfachte Schaltbild zur Herleitung der Lastszenarien ist in der Abb. 3.5 gegeben.

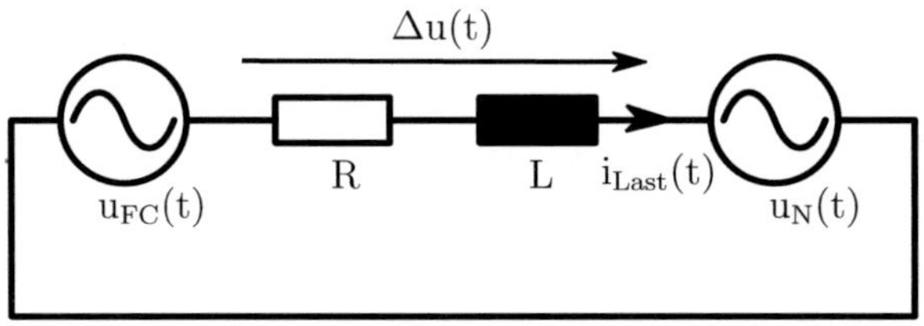

Abbildung 3.5: Darstellung des vereinfachten einphasigen Ersatzschaltbildes zur Berechnung der unterschiedlichen Lastszenarien.

Basierend auf dem Ersatzschaltbild kann die Zeigerdarstellung in Abb. 3.6 zur Charakterisierung des stationären Zustandes angefertigt werden. Aufgrund einer verbesserten Übersichtlichkeit wird der Zeitpunkt gewählt, in dem die Umrichterausgangsspannung u_{FC} in Phase mit der x-Achse ist. Diese kann resultierend als Referenz für die anderen Spannungen gewählt werden.
Anhand der Abb. 3.6 ist ersichtlich, dass abhängig von dem Verhältnis zwischen R und L auch die Gegenspannung angepasst werden muss, um einen identischen resultierenden Stromfluss mit einem identischen Phasenwinkel zu garantieren. Demzufolge müssen für jedes Lastszenario jeweils drei unterschiedliche Werte für die

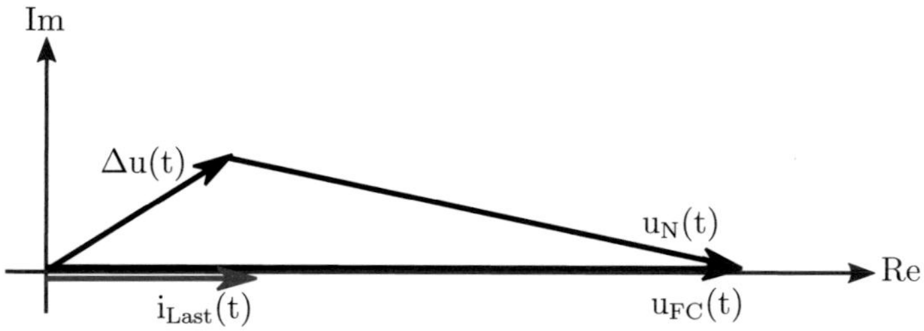

Abbildung 3.6: Zeigerdarstellung der unterschiedlichen Spannungen und Ströme basierend auf dem Ersatzschaltbild aus Abb. 3.5. Die Lastflussberechnung beruht auf dieser Zeigerdarstellung.

Gegenspannung ermittelt werden. Diese Berechnung wird nachfolgend anhand der Lit. [41] beschrieben. Als erstes müssen die Amplitude und Phase des komplexen Widerstandes für das jeweilige Verhältnis von R zu L bestimmt werden:

$$\underline{Z} = |\underline{Z}| \cdot e^{j\varphi_Z}. \tag{3.30}$$

Der resultierende Strom mit variablem Betrag und Phase wird wie folgt berechnet:

$$i_{Last}(t) = \hat{i}_{Last} \cdot cos(\omega t + \theta) = Re\{\hat{i}_{Last} \cdot e^{j(\omega t + \theta)}\}. \tag{3.31}$$

Die Spannung Δu(t) wird mit Hilfe des gewünschten Lastroms berechnet und ist zudem von dem Widerstand und der Induktivität abhängig.

$$\Delta u(t) = Re\{|\underline{Z}| \cdot \hat{i}_{Last} \cdot e^{j(\varphi_Z + \theta)} \cdot e^{j\omega t}\} = \hat{i}_{Last} \cdot |\underline{Z}| \cdot (\omega t + \varphi_Z + \theta) \tag{3.32}$$

Basierend auf Gl. 3.32 kann die imaginäre Komponente folgendermaßen bestimmt werden:

$$Im(\Delta\hat{u}) = \Delta\hat{u} \cdot sin(\theta + \varphi_Z). \tag{3.33}$$

Anhand dieser imaginären Komponente lässt sich die Netzspannung mit Hilfe von trigonometrischen Gleichungen auf Basis von Abb. 3.6 ermitteln. Zur Bestimmung dieser Spannung werden der Betrag und die zugehörige Phasenlage folgendermaßen berechnet:

$$\hat{u}_N = \sqrt{\hat{u}_{FC}^2 - \Delta\hat{u}^2} \tag{3.34}$$

$$\varphi_N = -arccos\left(\frac{Im(\Delta\hat{u})}{\hat{u}_N}\right) + 90°. \tag{3.35}$$

Diese Formeln können auf das beschriebene Beispiel in Tab. 3.2 angewendet werden. Basierend auf dem unterschiedlichen Verhältnis zwischen R und L resultieren drei verschiedene Werte für Betrag und Phasenlage pro Lastszenario. Dem liegt zu Grunde, dass der 50 Hz Netzstrom jeweils unverändert mit der gewünschten Amplitude und Phasenlage resultieren soll. Exemplarisch werden die Werte für das erste Lastszenario in der Tab. 3.3 dargestellt.

Tabelle 3.3: Lastkonfiguration für das Lastszenario eins

Bezeichnung	Parameter	Wert 1	Wert 2	Wert 3
Ohmscher Lastwiderstand	R	0,02 Ω	0,2 Ω	2 Ω
Induktivität	L	15 μH	15 μH	15 μH
Betrag des komplexen Widerstandes bei 50 Hz	$\|Z\|$	0,025 Ω	0,205 Ω	2,005 Ω
Phasenlage des komplexen Widerstandes bei 50 Hz	φ_Z	13,25°	1,35°	0,13°
Betrag der komplexen Spannung	$\Delta\widehat{u}$	1,16 V	11,3 V	113,1 V
Imaginärteil des Betrages der komplexen Spannung	$Im(\Delta\widehat{u})$	0,265 V	0,027 V	0,002 V
Betrag der Netzspannung	$\widehat{u}_N$	324,1 V	313,9 V	212,1 V
Phasenlage der Netzspannung	$-\varphi_N$	0,047°	0,005°	0,0005°

Anhand dieser Werte ist es möglich, eine zeitdiskrete Berechnung der Systemzustände durchzuführen. In der Abb. 3.7 ist die Simulation für das Lastszenario eins mit einem ohmschen Lastwiderstand von 2 Ω abgebildet. Sie dient lediglich als Verifikation zur Berechnung der Lastpunkte und zum besseren Verständnis. Es kann erkannt werden, dass der resultierende Strom wie gewünscht eine Phasenlage von 0°und eine maximale Amplitude von $\sqrt{2}$ I_N aufweist. Die geschaltete Ausgangsspannung u_S des Umrichters ist keine Zustandsgröße und wird nur zur Verifikation mit dargestellt. Wie es für einen Fünflevel-Umrichter typisch ist, sind die fünf geschalteten Spannungslevel in dieser Ausgangsspannung erkennbar.

In den nachfolgenden Abbildungen wird auf die Berechnung der zusätzlichen physikalischen Größen verzichtet. Es werden lediglich die Systemzustände $\underline{x}(k)$ dargestellt. Ein Fünflevel-Flying-Capacitor-Umrichter mit einer Kommutierungsdrossel als Stromglättung besitzt vier Zustandsgrößen. Diese setzen sich aus drei Kondensa-

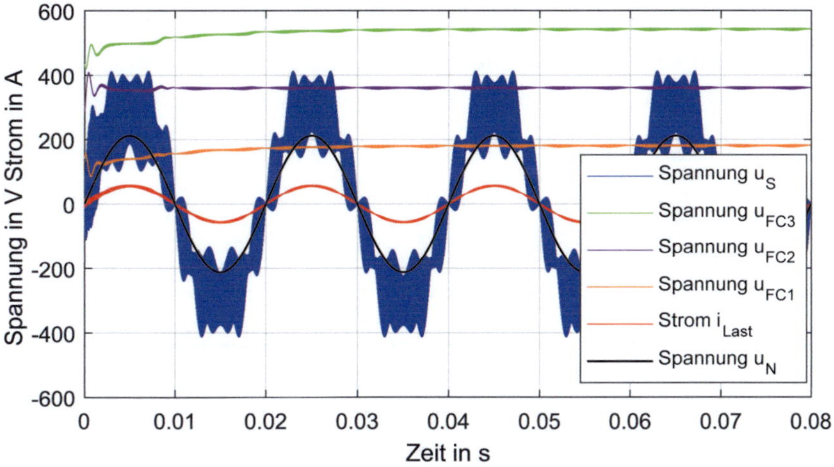

Abbildung 3.7: Simulationsergebnisse des ersten Lastszenarios mit einem Lastwiderstand von 2 Ω. Die Spannungen u_S und u_N wurden lediglich zur Validierung der Berechnung mit dargestellt.

torspannungen und einem Laststrom zusammen. In dieser Simulation wird jeweils

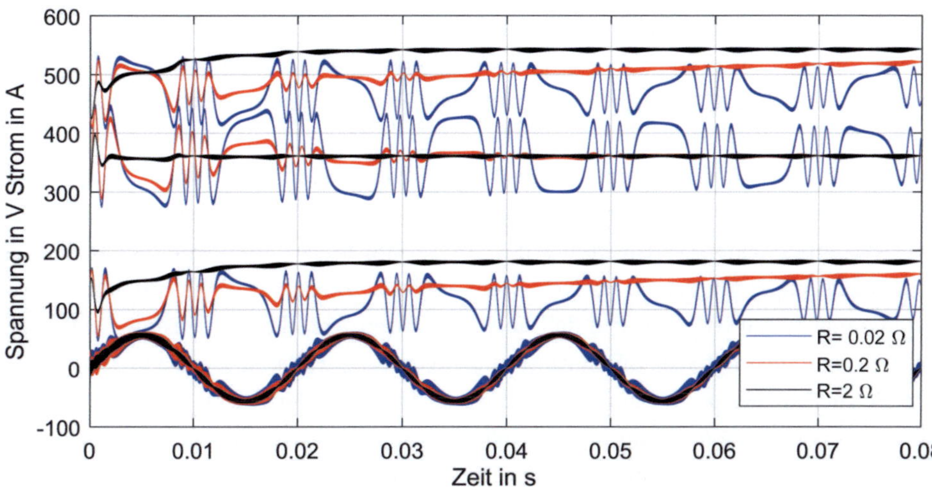

Abbildung 3.8: Zeitdiskrete Berechnung der Zustände des ersten Lastszenarios. Diese resultieren beim Betracht eines größeren Zeitfensters in identischen Werten, wobei die Einschwingdauer für kleinere Lastwiderstände stark zunimmt.

mit 80 % der Nennspannung an den Kondensatoren gestartet, um einen Sprung an der Zwischenkreisspannung zu simulieren. Die Abb. 3.8 zeigt die Ergebnisse für das Lastszenario eins. Es ist ersichtlich, dass sich die Kondensatoren bei einem größeren Lastwiderstand schneller symmetrieren als bei einem kleineren.

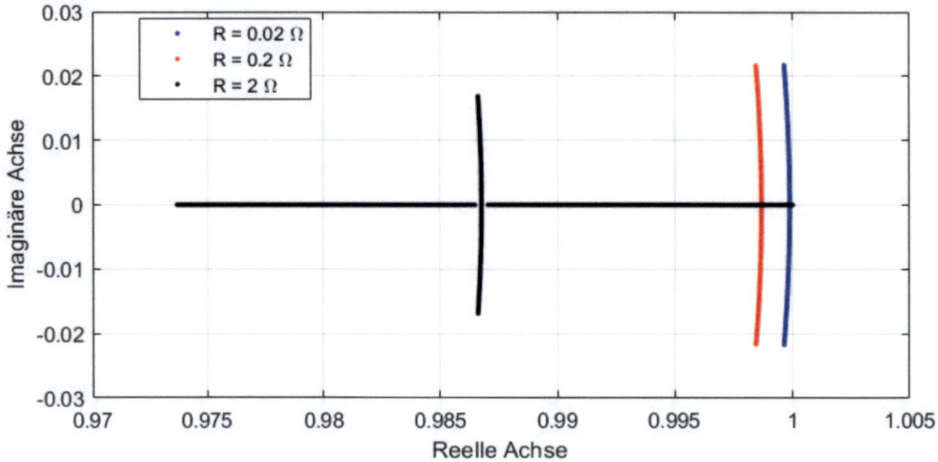

Abbildung 3.9: Zeitdiskrete Berechnung der Eigenwerte des ersten Lastszenarios. Die Eigenwerte eines jeden Wertes werden mit einem Punkt dargestellt.

Dies kann auch in den zugehörigen zeitdiskreten Eigenwerten in Abb. 3.9 erkannt werden. Die zeitdiskreten Eigenwerte verschieben sich mit kleinerem Widerstand zum Rand des Einheitskreises, welcher die Stabilitätsgrenze für zeitdiskrete Systeme definiert.

Die weiteren Lastszenarien sind in der Abb. 3.10 dargestellt.

Auch in diesen Lastszenarien spiegelt sich die Erkenntnis des schlechteren Balancings bei reduzierten Widerstandswerten wider. Interessant ist der Fakt, dass die Oszillation keinen Einfluss durch den 50 Hz Netzstrom aufweist. Dies lässt die Annahme zu, dass das Symmetrieren lediglich von den hochfrequenten Anteilen des Stromes abhängig ist, was sich auch mit den Erkenntnissen aus vorangegangen Arbeiten mit motorseitigen Betrachtungen des Natural-Balancings deckt. Im realen Versuchsaufbau spielen allerdings noch weitere Einflüsse eine Rolle. Zu nennen sind in diesem Zusammenhang zum Beispiel die Kernverluste der Drosseln, eine komplexere EMV-Filterstruktur und ein schnellerer Stromregler. Diese begünstigen das Natural-Balancing, wodurch eine pauschale Bewertung des Symmetrierungsvorganges nur aufgrund der theoretischen Betrachtung noch nicht möglich ist. Zusammenfassend wird festgestellt, dass der theoretische Ansatz für eine ideale theoretische Betrachtung ohne ein EMV-Filter

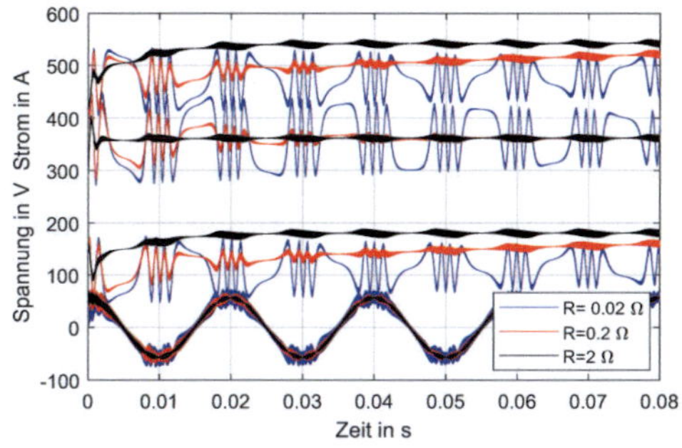

(a)

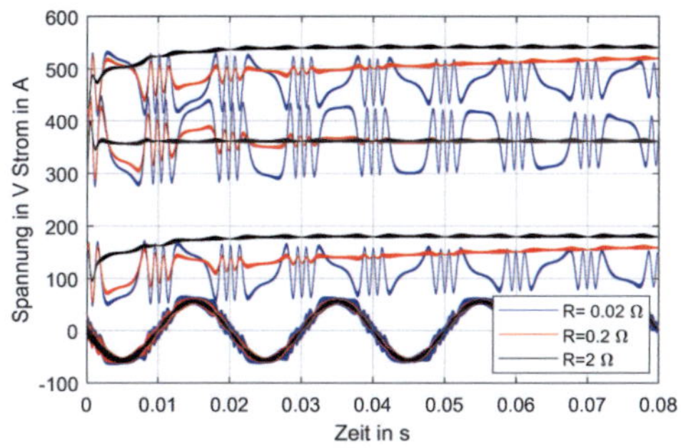

(b)

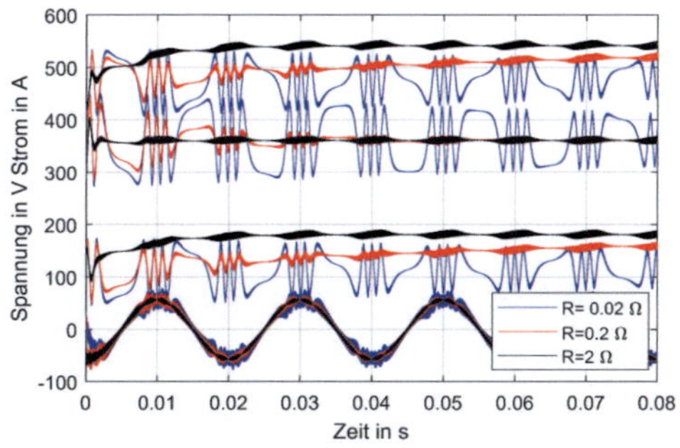

(c)

Abbildung 3.10: (a) Lastszenario zwei, (b) Lastszenario drei und (c) Lastszenario vier.

möglich ist und im Bezug auf die Berechnungszeit auch sinnvoll sein kann. Sollen komplexere EMV-Filterstrukturen wie die LCLC-Filterstruktur betrachtet werden, ist es sinnvoller, eine Simulation in MATLAB/Simulink/Simscape zu erstellen. Diese ist im Hinblick auf die Komplexität übersichtlicher und daher nicht so fehleranfällig. Im Rahmen dieser Dissertation wurde eine solche Simulation angefertigt, welche im Kapitel 5 vorgestellt wird. Diese Simulation ist um die Regelung der Zwischenkreisspannung und des Phasenstromes erweitert worden und ermöglicht schnelle Untersuchungen im Hinblick auf typische Betriebszustände sowie Worst-Case-Betrachtungen.

Kapitel 4

Hardwareimplementierung und Messungen

Der Prototyp des Flying-Capacitor-Umrichters wird mit GaN-Schaltern aufgebaut. Der Grund hierfür sind die minimalen Verluste dieser Schalter und ein größtmöglicher resultierender theoretischer Wirkungsgrad. Da die GaN-Schalter extrem schnell schalten müssen, um die Verluste kleinstmöglich zu halten, wird ein Kommutierungskreis mit sehr kleinen parasitären Kommutierungsinduktivitäten benötigt. Infolgedessen befasst sich der erste Teil dieses Kapitels mit der Betrachtung und der geeigneten Implementierung einer Kommutierungszelle des Flying-Capacitor-Umrichters. Der zweite Teil des Kapitels beschäftigt sich mit dem einphasigen Aufbau des Gesamtsystems und besonderen Effekten, die bei unterschiedlichen Prototypen festgestellt werden konnten. Im letzten Abschnitt wird der dreiphasige Aufbau mit einer Anbindung an die Ansteuerplattform der Siemens AG erläutert.

4.1 Betrachtung des Flying-Capacitor-Kommutierungskreises

Die Kommutierung tritt beim Schalten von Leistungshalbleitern auf. Sie beschreibt den Übergang des Stromes und der Spannung beider Schalter. Für den Flying-Capacitor-Umrichter unterscheidet sie sich in mehreren Aspekten von der des Zweilevel-Umrichters. Ein Unterschied ist die erhöhte Anzahl an Schaltern und daraus resultierend auch eine erhöhte Anzahl an Kommutierungskreisen. Diese können allerdings gemäß den Veröffentlichungen [8], [13], [9] und [11] entkoppelt betrachtet werden. Ein resultierender Kommutierungskreis ist in Abb. 4.1 repräsentativ für alle Stufen dargestellt. Ausgenommen ist lediglich die kurzgeschlossene Stufe am Ausgang von S_1 und $\bar{S}_1$. Diese verhält sich identisch zu einem Zweilevel-Kommutierungskreis. Die einzige Besonderheit des Flying-Capacitor-Kommutierungskreises zu einem gewöhnlichen

Zweilevel-Kommutierungskreis (auch als Halbbrücke bezeichnet) ist der Kondensator auf beiden Seiten der Schalter.

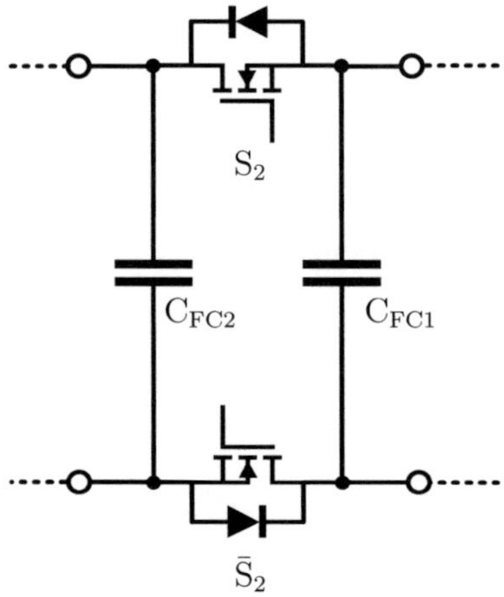

Abbildung 4.1: Prinzipielle Darstellung einer Kommutierungszelle eines Flying-Capacitor-Umrichters. Die abgebildeten Komponenten entsprechen dem idealen Kommutierungskreis ohne parasitäre Größen.

Die Kommutierungszelle kann bei Beachtung dieser Besonderheit mit gewöhnlichen Halbbrücken verglichen werden. Halbbrücken mit GaN-Schaltern werden mit Hilfe eines Entstörungskondensators, manchmal auch als Snubber- oder Kommutierungskondensator bezeichnet, niederinduktiv gestaltet. Der Zweck dieses Entstörungskondensators ist es, für den hochfrequenten Kommutierungsstrom eine niederinduktive Rückführung zu ermöglichen. Werden für diesen Zweck keine Entstörungskondensatoren verwendet, erhöht sich die Induktivität einerseits aufgrund der meist größeren räumlichen Strecke und folglich auch längeren Leiterbahnen und andererseits aufgrund der internen parasitären Induktivität der Kondensatoren. Die Entstörungskondensatoren benötigen lediglich eine geringere Energie und besitzen demnach bei gleicher Spannung auch eine geringe Kapazität. Sie dienen nur für die niederinduktive Rückführung und nicht als Energiespeicher der Flying-Capacitors.

4.1.1 Layout einer Kommutierungszelle

Die Hauptbestandteile der vollständigen Flying-Capacitor-Kommutierungszelle sind die folgenden:

- GaN-Schalter: Es werden GaN-Schalter der Firma EPC verwendet, da diese in der theoretischen Auslegung und im betrachteten Arbeitspunkt die niedrigsten

Verluste erzeugen. Für die Messungen am Kommutierungskreis werden vorerst 100 V GaN-Schalter benutzt. Diese wurden im nachfolgenden Multilevel-Aufbau ab dem Prototyp zwei aufgrund einer erhöhten Robustheit gegen Überspannung und aufgrund der Anpassung von einer Elflevel- auf eine Neunlevel-Topologie durch 200 V GaN-Schalter ersetzt.

- Entstörungskondensatoren: Die Entstörungskondensatoren werden so ausgelegt, dass an ihnen die maximale Zwischenkreisspannung von 800 V anliegen kann. Als Basis der Auslegung dienen die internen Anforderungen an minimale Luft- und Kriechstrecken für Industrieumrichter. In diesen wird definiert, wie groß der Spannungsabstand unterschiedlicher Potentiale sein muss, ohne die Gefahr eines Spannungsüberschlages zu haben. Die Kapazität der Kondensatoren darf nicht zu gering sein, da für diesen Fall die gespeicherte Energie nicht genügt und ein Teil des Kommutierungsstromes über die Flying-Capacitors fließt. Jedoch darf die Kapazität auch nicht zu groß sein, um die parasitäre Induktivität möglichst gering zu halten. Ein passender Wert für die Kapazität dieser Entstörungskondensatoren wird in der Publikation [42] experimentell ermittelt. Dieser Wert orientiert sich hauptsächlich an der Ausgangskapazität der GaN-Schalter und sollte gemäß Lit. [42] ungefähr einen Faktor 100 zu der Ausgangskapazität besitzen.

- Treiber: Als Treiber werden Niederspannungs-GaN-Treiber verwendet, welche speziell für das parallele Schalten von GaN-Schaltern konzipiert sind. Diese Funktionalität ist an dem hohen Peak Strom und den sehr geringen internen Gate-Widerständen erkennbar. Mit solchen Treibern kann folglich das volle Potential der GaN-Schalter ausgeschöpft werden. Zum Einsatz kommen lediglich Low-Side Treiber um die Kommutierungszelle möglichst symmetrisch zu gestalten. Aus diesem Grund muss noch eine zusätzliche Potentialtrennung des Logiksignals und der 5 V Spannungsversorgung erfolgen.

- Externe Gate-Vorwiderstände: Die externen Gate-Vorwiderstände werden zur weiteren Anpassung der Ein- und Ausschaltgeschwindigkeit verwendet. Typischerweise startet man mit einem Wert von 0 Ω und verlangsamt das Schalten mit steigendem Strom, soweit dies nötig ist. Ein Reduzieren der Schaltgeschwindigkeit di_L/dt durch einen höheren Wert des Gate-Vorwiderstandes muss jeweils erfolgen, wenn die parasitäre Kommutierungsinduktivität des Kommutierungskreises zu groß ist. Durch diese Induktivität wird ansonsten eine transiente Überspannung beim Ausschalten des Schalters erzeugt. Überschreitet die Spannung am Schalter aufgrund der Überspannung die maximal zulässige Spannung, kann der Schalter zerstört werden. Eine mögliche Folge ist ein Brückenkurzschluss, was unbedingt zu vermeiden ist. Anhand des Gate-Ein- und Ausschaltwiderstandes kann demzufolge mit unter Berücksichtigung der internen Gate-Widerstände ohne großen Aufwand eine Aussage über das niederinduktive Design des Kommutierungskreises getroffen werden.

- Logikisolator: Der Logikisolator wird benötigt, um das logische Signal galvanisch zu isolieren und das Springen des geschalteten Potentials gegenüber der meist geerdeten Spannungsversorgung des FPGAs zu ermöglichen. Im Bereich des Logikisolators wird noch ein Tiefpassfilter implementiert, um hochfrequente Störungen im hohen Megahertzbereich auf dem Signal zu filtern.

- Isolierte Spannungsversorgung: Die isolierte Spannungsversorgung wird aus demselben Grund wie der Logikisolator benötigt. Da lediglich eine Versorgungsspannung von 5 V eingesetzt wird, genügen Low-Cost DC-DC-Übertrager. Die maximal benötigte Leistung des Übertragers wird mittels der Formel 4.1 berechnet. Es muss dauerhaft mindestens die Leistung zur Verfügung gestellt werden, welche zum Umladen des Gates benötigt wird. Diese hängt stark von der Anzahl der parallelgeschalteten Schalter, der Schaltfrequenz und der gespeicherten Energie ab. Im realen Aufbau ist es vorteilhaft, wenn die isolierte Spannungsversorgung zumindest geringfügig mehr Leistung übertragen kann, da die Verluste von Leitungen oder Kondensatoren zu Energiepufferung in der Formel nicht berücksichtigt werden.

$$P_{DCDC} = m \cdot P_G = m \cdot U_{DR} \cdot f_S \cdot Q_G \tag{4.1}$$

In gewöhnlichen Halbbrücken werden die Kommutierungskreise für GaN-Schalter nach zwei verschiedenen Varianten entworfen. Die erste Variante ist das laterale Layout. In diesem sind alle Bauteile, die bei der Kommutierung beteiligt sind, auf einer Seite der Leiterplatte. Die zweite Variante ist das vertikale Layout, in dem sich die Schalter oder zumindest ein Entstörungskondensator auf der oberen und unteren Seite der Leiterplatte befinden. Zudem gibt es in den aktuellen Publikationen [43] und [44] noch das optimierte vertikale Layout, welches als dritte Variante mit aufgeführt wird. In dieser Variante werden die Schalter und der Kondensator auf einer Seite der Leiterplatte platziert. Die Rückführung erfolgt in der ersten Lage der Leiterplatte, wodurch die aufgespannte Fläche im Kommutierungskreis möglichst gering gehalten wird.

- Laterales Layout: In dem lateralen, auch als horizontales Layout bezeichnet, befinden sich die GaN-Schalter und die Entstörungskondensatoren auf einer Seite der Leiterplatte. Eine prinzipielle Skizze von diesem Layout kann aus der Abb. 4.2 entnommen werden:

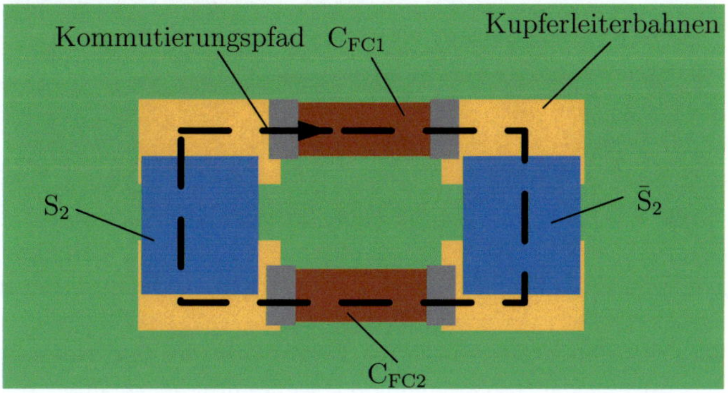

Abbildung 4.2: Prinzipielle Darstellung des lateralen Layouts, angewandt auf den Flying-Capacitor-Kommutierungskreis. Die Anschlusspunkte zu den anderen Kommutierungszellen sind nicht abgebildet und die Kondensatoren C_{FC1} und C_{FC2} sind lediglich die Entstörungskondensatoren, welche während der Kommutierung einen niederinduktiven Pfad ermöglichen.

Im realen Aufbau werden im Gegensatz zu der prinzipiellen Darstellung mehrere Entstörungskondensatoren parallel eingesetzt. Dies soll die Induktivität der Entstörungskondensatoren und der Leiterbahnen verringern, indem eine größere Fläche zur Stromführung verwendet wird. Dieser Ansatz ist auch in Lit. [45] enthalten und wird für niederinduktive Layouts üblicherweise dementsprechend implementiert.

Die Induktivität des Kommutierungspfades resultiert maßgeblich aus der aufgespannten Fläche. In Abb. 4.3 ist der prinzipielle Pfad des Kommutierungsstromes eingezeichnet. Es ist ersichtlich, dass die Fläche dieses Pfades hauptsächlich von dem für die erforderliche Luft- und Kriechstrecke nötigen Spannungsabstand zwischen den Kondensatoren C_1 und C_2, dem minimalen Spannungsabstand über einem Kondensator (zum Beispiel C_1) und der Schalteranordnung sowie dem Package abhängt. Ein Vorteil des lateralen Layouts besteht darin, dass die Kommutierungsinduktivität unabhängig von der Dicke der Leiterplatte gewählt werden kann, sodass eine Realisierung direkt auf dem Mainboard mit vielen dicken Kupferlagen unproblematisch ist.

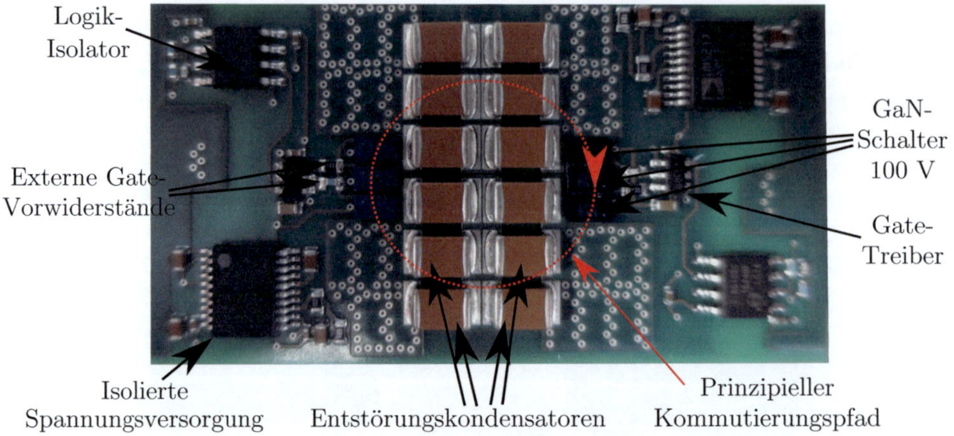

Abbildung 4.3: Darstellung der realisierten Leiterplatte des lateralen Layouts mit einer prinzipiellen Hervorhebung des Kommutierungspfades.

- Vertikales Layout: In dem vertikalen Layout befinden sich die GaN-Schalter und die jeweiligen Entstörungskondensatoren auf zwei unterschiedlichen Seiten der Leiterplatte. Der Abb. 4.4 kann der prinzipielle Kommutierungspfad entnommen werden. Dieser verläuft mittels Vias durch die Leiterplatte hindurch und auf der Rückseite wieder zurück.

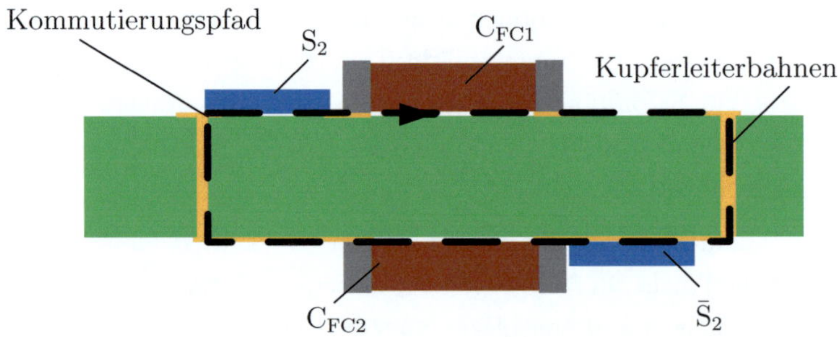

Abbildung 4.4: Prinzipielle Darstellung des vertikalen Layouts, angewandt auf den Flying-Capacitor-Kommutierungskreis. Die Anschlusspunkte zu den anderen Kommutierungszellen sind nicht abgebildet und die Kondensatoren C_{FC1} und C_{FC2} sind lediglich die Entstörungskondensatoren, welche während der Kommutierung einen niederinduktiven Pfad ermöglichen.

Der reale Aufbau ist in der Abb. 4.5 abgebildet. Auch in dieser Darstellung ist der prinzipielle Kommutierungskreis eingezeichnet. Im Vergleich zum horizontalen Kommutierungskreis ist erkennbar, dass die aufgespannte Fläche stark reduziert werden kann. Dies resultiert daraus, dass der Hin- und Rückstrom direkt auf den gegenüberliegenden Seiten der Leiterplatte fließt. Der Hauptbestandteil der Fläche wird folglich über die Leiterplattendicke aufgespannt. Diese ist für den betrachteten Fall aufgrund der Isolationseigenschaften des Leiterplattenmaterials FR4 wesentlich geringer als die Abstände, welche auf einer Leiterplattenseite in Anbetracht der Spannungen eingehalten werden müssen. Die Fläche wird folglich hauptsächlich über die Spannungsabstände der einzelnen Entstörungskondensatoren (bspw. C_1) aufgespannt. Die Variante ist somit nahezu unabhängig von der räumlichen Anordnung der Schalter und den Spannungsabständen von C_1 zu C_2. Ein Nachteil ist, dass die Kommutierung auf einem separaten Board erfolgen sollte, um das Schaltverhalten nicht hinsichtlich der großen Leiterplattendicke des Mainboards zu beeinträchtigen. Es muss daher eine Kopplung dieser Platinen, beispielsweise durch eine Steckerverbindung, erfolgen (siehe Abb. 4.5). Eine Besonderheit in der realisierten Variante des vertikalen Layouts ist eine gegensätzliche Stromrichtung durch benachbarte Entstörungskondensatoren. Dadurch fließt auch der Strom während der Kommutierung alternierend und die parasitär wirkende Gesamtinduktivität kann reduziert werden. Die Kommutierung erfolgt somit vertikal und lateral. Dieses Design wurde so noch nicht für den Flying-Capacitor-Kommutierungskreis vorgestellt.

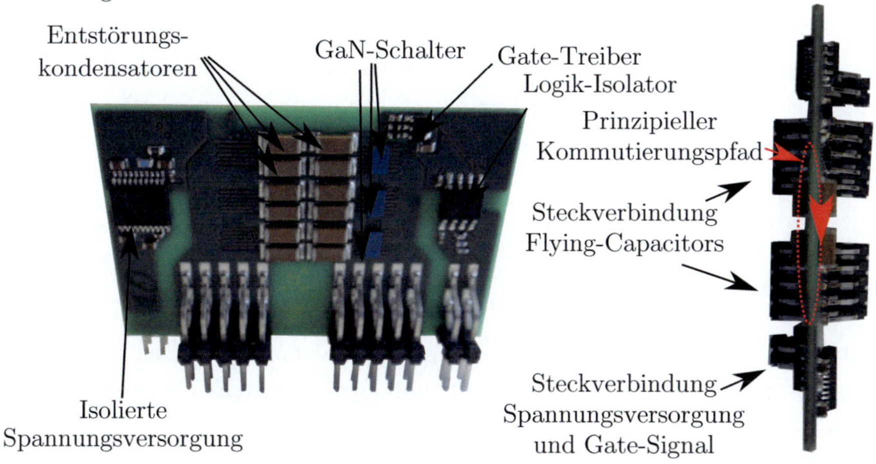

Abbildung 4.5: Abbildung der realisierten Leiterplatte des vertikalen Layouts mit einer prinzipiellen Hervorhebung des Kommutierungspfades.

Das Design ermöglicht es, bei gleicher Pfadlänge die Richtung während der

Kommutierung benachbarter Schleifen gegensätzlich anzuordnen. Um dieses Prinzip genauer zu beschreiben, wird vorerst die stark vereinfachte normale Kommutierungszelle erläutert. Die prinzipielle Kommutierungszelle ist in Abb. 4.6 auf der linken Seite dargestellt, wobei der Kommutierungsvorgang mittels eines Stromes durch drei Leiterschleifen vereinfacht wird.

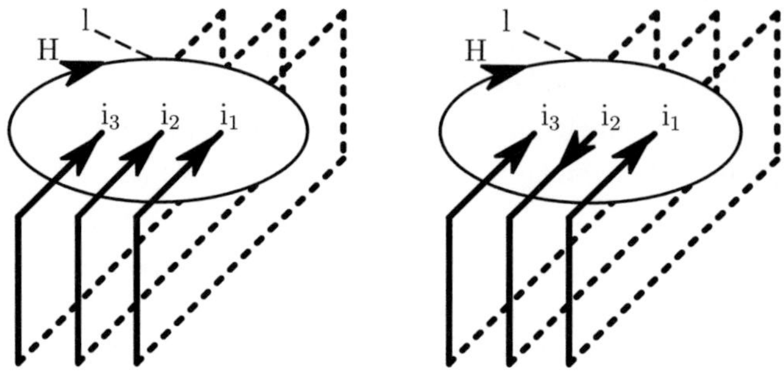

Abbildung 4.6: Prinzipielle Darstellung der normalen (linke Darstellung der Abbildung) und der verbesserten Variante (rechte Darstellung der Abbildung) des Kommutierungskreises. Die magnetische Durchflutung um die gesamten Leiterschleifen ist abhängig von der Summe der Teilströme. Diese Abbildung orientiert sich an Lit. [46].

Es werden symmmetrische Verhältnisse angenommen, wodurch der Stromfluss durch jeden Leiter identisch ist. Gemäß Lit. [46] ergibt sich durch diesen Stromfluss eine resultierende magnetische Feldstärke H. Diese wird folgendermaßen berechnet:

$$\oint H \cdot dl = \sum_{1}^{n} i = i_1 + i_2 + i_3. \tag{4.2}$$

Für den dargestellten Fall ist das Ringintegral der magnetischen Feldstärke folglich 3 i_1. Die magnetische Feldstärke führt zu der resultierenden magnetischen Flussdichte B:

$$B = \mu_0 \cdot \mu_r \cdot H. \tag{4.3}$$

Folglich ist auch die magnetische Flussdichte abhängig vom resultierenden Strom. Im Vergleich zu der üblichen Kommutierung wird in der vorgestellten Variante die Stromrichtung benachbarter Leiterschleifen invertiert. Dies ist vereinfacht in der Abb. 4.6 auf der rechten Seite dargestellt. Gemäß der beschriebenen theoretischen Betrachtung wird hiermit die magnetische Feldstärke und auch die magnetische Flussdichte um den Faktor 1/3 reduziert. Um eine Aussage über die Verluste treffen zu können, wird die im Magnetfeld gespeicherte Energie betrachtet. Hierfür werden die drei separaten Leiterschleifen zu einer resultierenden Leiterschleife zusammengefasst. Der Strom beträgt für die übliche Variante $3\mathrm{i}_1$ und für die verbesserte Variante i_1. Durch diese Vereinfachung wird lediglich die gespeicherte Energie basierend auf der Selbstinduktivität analysiert. Die Energie lässt sich gemäß Lit. [47] durch eine volumenbezogene Integration der magnetischen Energiedichte w_m über den gesamten Raum folgendermaßen berechnen:

$$W_m = \iiint\limits_{V_\infty} w_m \, dV = \frac{1}{2} \iiint\limits_{V_\infty} H \cdot B \, dV \tag{4.4}$$

Basierend auf dieser Berechnung reduziert sich durch den geringeren Stromfluss auch die im Magnetfeld gespeicherte Energie für die verbesserte Variante. Folglich kann angenommen werden, dass aufgrund der geringeren magnetischen Energie während der Kommutierung schneller geschalten werden kann und die entstehenden Verluste während der Kommutierung demnach reduziert werden können. Diese Annahme hat sich mit Vergleichsmessungen beider Varianten auch messtechnisch validieren lassen.

- Optimiertes vertikales Layout: Das optimierte vertikale Layout für eine normale Halbbrücke, kann den Publikationen [43] und [44] entnommen werden. Da sich der Kommutierungskreis eines Flying-Capacitor-Umrichters allerdings, gemäß Abb. 4.1, von der Halbbrücke unterscheidet, gestaltet sich die praktische Realisierung schwieriger. Ein prinzipieller Aufbau dieser Variante wurde bisher für den Flying-Capacitor-Umrichter noch nicht vorgestellt und ist in Abb. 4.7 dargestellt. Vorteilhaft an dieser Variante ist, dass die Kommutierung nicht durch die gesamte Leiterplatte erfolgt, sondern lediglich durch die erste Lage der Leiterplatte. Die Fläche des Kommutierungspfades ist somit kleinstmöglich und sogar die Abhängigkeit zur Leiterplattendicke vermindert sich weitestgehend auf den Abstand zwischen der Oberseite und der ersten Lage. Im Gegensatz zu diesen elektrischen Vorteilen gibt es beim Versuch der praktischen Realisierung Probleme. Zum einen ist die Ansteuerschaltung der Schalter schwierig zu realisieren, da zumindest ein Schalter beidseitig mit Kondensatoren verbunden ist. Zum anderen müssen im Gegensatz zur Halbbrücke mindestens zwei Verbindungen durch die Leiterplatte nebeneinander geführt werden, was aufgrund der Spannungsabstände innerhalb der Kupferlagen nicht ohne Weiteres möglich ist. Ein weiterer problematischer Aspekt bezogen auf das Layout sind die Verbindungsstellen des Kommutierungskreises zu den Flying-Capacitors. Auch hierfür ist zumindest an jeweils einer Seite des Schalters oder Entstörungskondensators eine niederohmige Verbindung notwendig. Basierend auf diesen Aspekten vergrößerte sich die Fläche der resultierenden Layouts um mindestens einen Faktor von zwei im Vergleich zum vertikalen oder lateralen Layout. Aus diesem Grund wird ein solches Design für industrielle Anforderungen aus Sicht des Gesamtvolumens als nicht sinnvoll erachtet, obwohl es im Hinblick auf die elektrischen Designkriterien durchaus zu einem noch niederinduktiveren Aufbau führen kann.

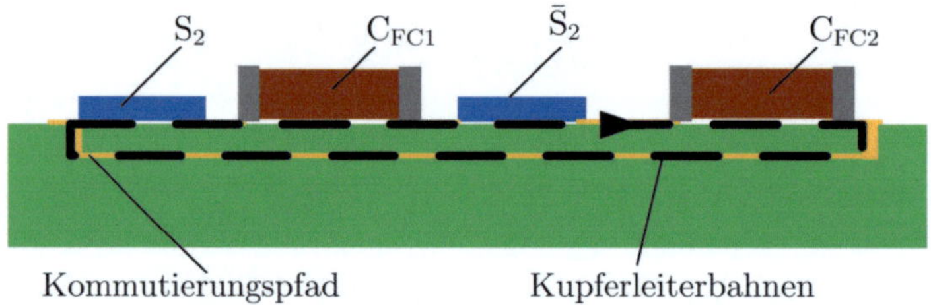

Abbildung 4.7: Prinzipielle Darstellung des optimierten vertikalen Layouts, angewandt auf den Flying-Capacitor-Kommutierungskreis. Die Anschlusspunkte zu den anderen Kommutierungszellen sind nicht abgebildet und die Kondensatoren C_1 und C_2 sind lediglich die Entstörungskondensatoren, welche während der Kommutierung einen niederinduktiven Pfad ermöglichen.

4.1.2 Schaltverhalten der Kommutierungszellen

Die beiden Varianten lateraler und vertikaler Kommutierungskreis werden mit Hilfe der Tiefsetzstellerschaltung verglichen. In dieser Messung wird die Kommutierungszelle lediglich als Halbbrücke betrieben, weshalb der Ausgang zwischen beiden Schaltern kurzgeschlossen ist. Resultierend ist auch ein Entstörungskondensator kurzgeschlossen, allerdings hat dies keinen Einfluss auf den hochfrequenten Kommutierungsstrom. Die Messungen wurden jeweils mit den gleichen Komponenten durchgeführt. Für den Vergleich zwischen den beiden Varianten wurde daher nur das Layout geändert. Die Parameter der Messung können der Tab. 4.1 entnommen werden. Da nur mit einer Schaltfrequenz von 100 kHz geschaltet wird und ein geringer Stromrippel wünschenswert ist, wurde eine relativ große Drossel mit 100 μH eingesetzt.
In der Abb. 4.8 ist die Messung des lateralen Layouts dargestellt. Diese wurde bei einem externen Einschaltwiderstand von 10 Ω gemessen. Auch bei diesem hohen

Tabelle 4.1: Parameter des Tiefsetzsteller Messaufbaus zum Vergleich der Kommutierungskreise

Komponente	Größe
Stromglättungsinduktivität	100 μH
GaN-Schalter drei parallel EPC2053	1 mΩ
Schaltfrequenz	100 kHz
Tastverhältnis	50 %
Eingangsspannung	50 V
Ausgangsspannung	25 V
Laststrom	9,5 A

Einschaltwiderstand schwingt die Spannung beim Ausschalten des unteren Schalters noch um 30 V über. Dieses Überschwingen vergrößert sich mit dem Strom und der Eingangsspannung, weshalb der Einschaltwiderstand für einen sicheren Betrieb bei mehr Leistung noch größer gewählt werden muss.

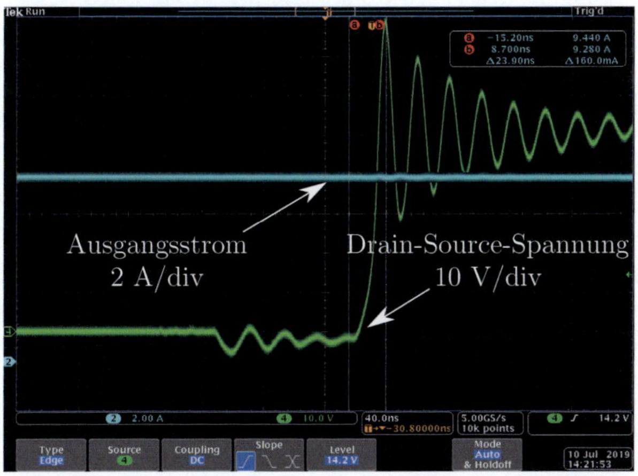

Abbildung 4.8: Messung des Ausgangsstroms und der Drain-Source-Spannung der realisierten Hardwarevariante des lateralen Layouts aus Abb. 4.3. Diese wurde im Tiefsetzsteller-Betrieb getestet und lediglich das relevante Schaltverhalten ist dargestellt.

Die Messung des vertikalen Layouts ist in der Abb. 4.9 dargestellt. Bei dieser Messung wurde der externe Einschaltwiderstand auf 1,8 Ω verringert und die Schaltgeschwindigkeit dementsprechend vergrößert. Die Überspannung liegt selbst bei dieser erhöhten

Schaltgeschwindigkeit bei 20 V. Es ist allerdings ersichtlich, dass zusätzlich zu dem Hauptschwingkreis noch eine weitere Schwingung auftritt, die eine geringe Dämpfung hat. Auf eine genauere Betrachtung dieser wurde allerdings aufgrund der niedrigen Amplitude und folglich auch marginalen Bedeutung für das Schaltverhalten verzichtet.

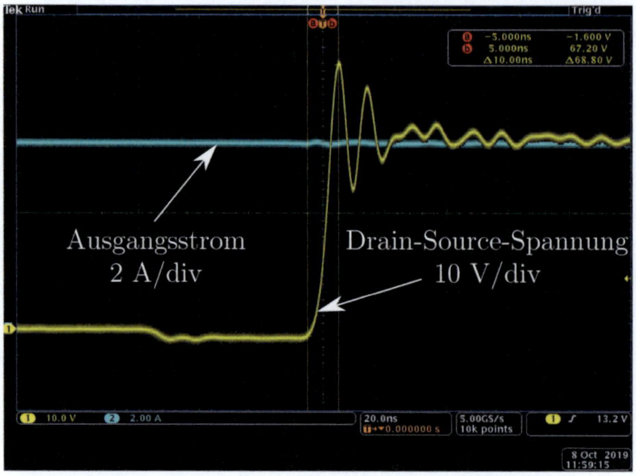

Abbildung 4.9: Messung des Ausgangsstromes und der Drain-Source-Spannung der realisierten Hardwarevariante des vertikalen Layouts aus Abb. 4.4. Diese wurde im Tiefsetzsteller-Betrieb getestet und lediglich das relevante Schaltverhalten ist dargestellt.

Anhand der Schwingfrequenz, welche beim Schalten durch die Kommutierung angeregt wird, kann die Größe der parasitären Induktivität abgeschätzt werden. Dieses Verfahren wurde bereits in den Veröffentlichungen [48], [49], [50] und [43] beschrieben. Die Formel zur Berechnung der parasitären Kommutierungsinduktvität basiert auf den genannten Veröffentlichungen und ist in Gl. 4.5 dargestellt.

$$L_{Par} = \frac{T_{Osz}^2}{4 \cdot \pi^2 \cdot C_{Oss,Uin}} \tag{4.5}$$

Anhand dieser Gleichung erhält man eine parasitäre Kommutierungsinduktivität von 1 nH für das vertikale und 4 nH für das laterale Layout.

4.1.3 Vergleich der Kommutierungszellen

Die Messergebnisse des vertikalen Layouts sind für die parasitäre Induktivität um den Faktor vier besser als die des lateralen Layouts. Die niedrigere parasitäre Induktivität resultiert maßgeblich aus der kleineren aufgespannten Fläche während der Kommutierung [45]. Dies ist auf die geringen Leiterplattendicke im Gegensatz zu der großen Fläche im lateralen Layout zurückzuführen. Aufgrund der positiven Messergebnisse wurden alle Leiterplatten für den nachfolgenden Multilevelumrichter auf dem Prinzip des vertikalen Layouts aufgebaut. Im Vergleich zu der gezeigten Messung hat sich bei dem finalen Multilevel-Aufbau lediglich die Anzahl der parallel verschalteten Schalter auf zwei reduziert und die Drain-Source-Spannung auf 200 V erhöht, um eine erhöhte Robustheit des Aufbaus zu erreichen. Die maximal getestete Leistung einer einzelnen vertikalen Kommutierungszelle ist in Abb. 4.10 dargestellt und betrug 550 W. Hierfür wurde eine Drain-Source-Spannung von 50 V angelegt und ein Tastverhältnis von 50 % eingestellt. Der Laststrom in der Strom-Glättungsdrossel betrug für diesen Arbeitspunkt 22 A. Die gemessene Maximaltemperatur bei passiver Kühlung (ohne Lüfter) lag dabei bei 84 °C, wobei über den Schaltern beidseitig jeweils ein Kühlkörper angebracht wurde, um die Wärme der Schalter besser abzuführen.

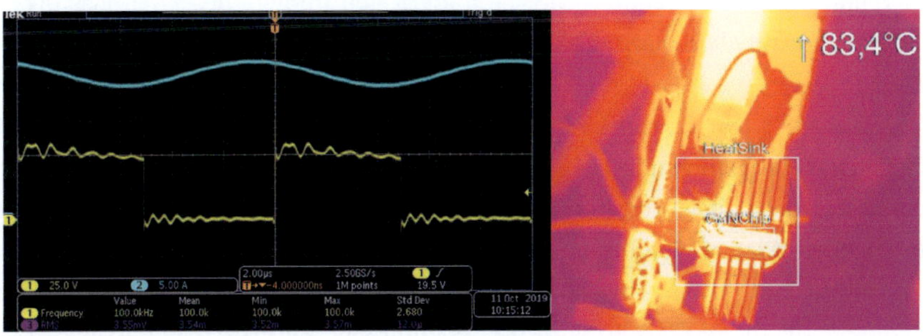

Abbildung 4.10: Messung der Drain-Source-Spannung und des Ausgangsstromes im Arbeitspunkt der maximal erreichten Leistung. Die Messung wurde mit dem vertikalen Layout aus Abb. 4.4 durchgeführt und als Tiefsetzsteller betrieben. Begrenzung der Maximalleistung war die Temperatur, welche mittels einer passiven Kühlung abgeführt wurde. Hierfür wurde auf beiden Seiten der Kommutierungszelle ein Kühlkörper mit Kabelbindern und Wärmeleitpads angebracht. Auf der rechten Seite ist die Temperaturmessung der Kommutierungszelle inklusive der angebundenen Kühlkörper für diesen Betriebspunkt im eingeschwungenen Zustand abgebildet. Die Leiterplatte und die angebundenen GaN-Schalter sind durch das rechteckige Fenster markierte und mit der Bezeichnung GaNChip hervorgehoben.

4.1.4 Vergleich zwischen der gemessenen und der berechneten Verlustleistung

Die Verlustbestimmung der Schalter einer Kommutierungszelle ist für GaN-Schalter infolge des schnellen Schaltverhaltens nicht trivial. Problematisch ist, dass gängige Messmethoden, wie die Messung mit Hilfe eines Leistungsmessgerätes (Power Analyzer), aufgrund des hochfrequenten Stromes und der Spannung nur sehr ungenaue Ergebnisse liefern ([51] und [52]). Für gesamte Umrichteraufbauten ändert sich dieser Umstand, da die Ausgangs- und Eingangsgrößen aufgrund des Ausgangsfilters und der großen Zwischenkreiskondensatoren lediglich niederfrequente Anteile beinhalten, welche ohne große Messfehler bestimmt werden können. Messungen mit Hilfe des Doppelpulstestes benötigen eine hochfrequente Messung des Stromes. Dies ist prinzipiell mit Hilfe einer Messspule oder eines Shunts möglich. Durch das Einbringen des Messmittels wird allerdings eine zusätzliche Induktivität eingebracht. Des Weiteren muss das Layout angepasst werden, um eine solche Messung zu ermöglichen. Das resultierende gemessene Schaltverhalten ändert sich infolge dieser Anpassungen und spiegelt nicht das reale Schaltverhalten mit den realen Verlusten im normalen Betrieb wider [31].
In der Literatur wird die direkte Messung der Verlustleistung anhand einer kalorimetrischen Leistungsmessung als am genauesten angesehen. Dafür werden allerdings komplexe Versuchsaufbauten [53] benötigt, in denen der Luftstrom gezielt gemessen und kontrolliert wird. Bei einer anderen Variante werden sehr große thermische Kapazitäten in das System eingebracht, welche lange Messzeiten zur Folge haben, siehe [54] und[52]. Aus diesem Grund wird die Messung der Verluste gleichartig zu Lit. [55] durchgeführt. Der Vorteil ist, dass der Aufbau vollständig dem normalen Betrieb entspricht. Der Unterschied der durchgeführten Messungen zu dem beschriebenen Versuchsaufbau ist alleinig, dass in der Veröffentlichung ein Kühlkörper und ein konstanter Volumenstrom mittels Lüfter verwendet werden. In der durchgeführten Messung wird eine passive Kühlung ohne Kühlkörper betrachtet. Dadurch könnte sich der Umwelteinfluss beispielsweise durch Luftstöße etc. erhöhen. Da diese im Normalfall allerdings stochastischen Ursprungs sind, erhöht sich die Genauigkeit durch eine größere Anzahl an Messreihen. Die Messung erfolgt nach den folgenden Messschritten:

- Messung der Maximaltemperatur der Schalter bei unterschiedlichen Arbeitspunkten: Für jeden Arbeitspunkt wird die Maximaltemperatur des Schalters mit Hilfe einer Wärmebildkamera nach dem thermischen Einschwingen gemessen. Die Arbeitspunkte variieren mit dem Laststrom, der Schaltfrequenz und der Eingangsspannung. Der Laststrom variiert für die Messungen zwischen 2,5 A und 10 A mit einer Schrittweite von 2,5 A. Die Schaltfrequenz variiert zwischen 100 kHz und maximal 600 kHz mit einer Schrittweite von 100 kHz. Die Eingangsspannung und folglich auch die Drain-Source-Spannung der Schalter wird jeweils mit 30 V, 40 V und 50 V getestet. Pro Messreihe werden demnach jeweils ein fester Laststrom und eine Eingangsspannung eingestellt. Die Schaltfrequenz wird daraufhin so lange erhöht, bis die 600 kHz erreicht werden oder eine Maximaltemperatur von 100 °C überschritten wird. Insgesamt werden für die laterale Kommutierungszelle 42 unterschiedliche Arbeitspunkte gemessen.

- Messung der Temperatur im Kurzschlussfall: Die Kurzschlussmessung dient als Kalibrierkurve für die Messungen bei den unterschiedlichen Arbeitspunkten. Dadurch lässt sich die Beziehung zwischen der gemessenen Temperatur und der zu Grunde liegenden konstanten Verlustleistung ermitteln. Dafür werden beide Schalter im eingeschalteten Zustand betrieben. Es entstehen an den Schaltern lediglich Leitverluste, welche aufgrund des R_{DSon} anfallen. Die Schaltung wird daraufhin mit einem eingestellten Strom im Kurzschluss betrieben und der Spannungsabfall über den Schaltern mit einem Multimeter gemessen. Es werden mehrere Leistungspunkte bei unterschiedlichem Strom gemessen und jeweils die Temperatur notiert. Gemäß der Formel 4.6 wird ein konstanter Faktor K zwischen der Verlustleistung und der gemessenen Temperatur angenommen. Annahme hierfür ist ein lineares Verhältnis zwischen der Leistung und der Temperatur. Dies spiegelt sich auch in den aufgenommenen Messpunkten der lateralen Kommutierungszelle wider, siehe Abb. 4.15.

$$T_2 = K \cdot P_S + T_1 \tag{4.6}$$

  Anhand der Kurzschlussmessung in der Abb. 4.15 wurde für den Versuchsaufbau ein Faktor K von 15 sowie eine Umgebungstemperatur von 27 °C ermittelt.

Nutzt man die Gl. 4.6, ist es möglich anhand der vorgestellten Verlustberechnung aus Kapitel 2 eine Vorhersage für die Maximaltemperatur zu treffen. Dies ist für die gleichen Punkte wie bei der Messung erfolgt. Anhand der berechneten Temperatur erfolgt zudem noch ein weiterer Berechnungsschritt, um die Genauigkeit zu erhöhen. Gemäß der berechneten Temperatur wird die theoretische Erhöhung des temperaturabhängigen R_{DSon} ermittelt. Die Verluste aufgrund dieses Faktors werden zusätzlich noch bei der Bestimmung der Durchlassverluste berücksichtigt. Da der temperaturabhängige R_{DSon} bei GaN-Schaltern im Gegensatz zu SiC-Schaltern einen sehr großen Einfluss hat, ist dieser Schritt besonders wichtig. Der Vergleich zwischen den berechneten GaN-Verlusten und den gemessenen Werten ist in den Abbildungen 4.12 dargestellt.

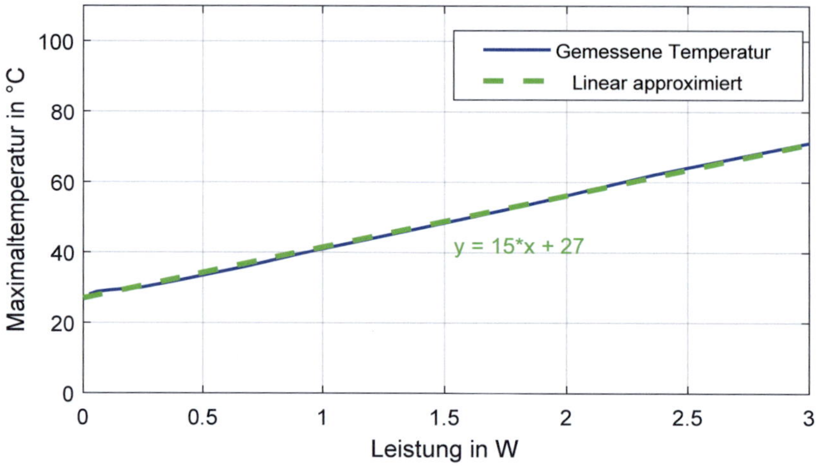

Abbildung 4.11: Kurzschlussmessung der realisierten Hardwarevariante des lateralen Layouts aus Abb. 4.3. Diese Messung dient als Referenz, um von den nachfolgenden Temperaturmessungen auf die Verluste schlussfolgern zu können. Es wurde ein konstanter Strom eingespeist und die Spannung über den Schaltern gemessen. Die angegebene Leistung ist die Gesamtleistung, welche sich auf die drei parallelen 100 V Chips aufteilt.

Anhand der Abbildungen ist zu erkennen, dass die Verlustabschätzung grundsätzlich sehr gut mit der Messung übereinstimmt. Die durchschnittliche Abweichung zwischen der Messung und der Abschätzung liegt für die dargestellten Messungen im Bereich von 7 %. Diese positiven Ergebnisse werden erzielt, obwohl die Abschätzung lediglich auf dem Datenblatt, der Kurzschlussmessung und den verwendeten Gate-Widerständen basiert. Die sehr gute Approximation wurde durch den geringen Strom pro Schalter begünstigt, da der Durchlasswiderstand R_{DSon} demnach beispielsweise bei 100 kHz und 10 A nur 6 % der Gesamtverluste ausmacht. Ändert sich das Verhältnis für große Ströme, wird die Abweichung zur Messung geringfügig größer, da der Durchlasswiderstand zum Teil aufgrund des dynamischen R_{DSon} vergrößert wird. Dieser war besonders bei den ersten Generationen der GaN-Schalter problematisch. Je nach Schalter, Schaltfrequenz und Drain-Source-Spannung variiert der Einfluss des dynamischen R_{DSon}. Eine allgemeingültige Formel, mit der lediglich anhand des Datenblattes der Einfluss abgeschätzt werden kann, gibt es derzeit noch nicht. Folglich ist eine vorherige Bestimmung des dynamischen R_{DSon} nicht möglich. Zur tieferen Einarbeitung in dieses Fachgebiet sei der interessierte Leser auf die Lit. [56],[57] und

[58] verwiesen.
In Abb. 4.13 ist die Effizienz dieser Schalter dargestellt. Für keine Messung wurde mehr als 99 % Wirkungsgrad erzielt. Dies liegt zum einen an dem Verhältnis zwischen R_{DSon} und den Gesamtverlusten. Für diesen Arbeitspunkt, mit sehr geringem Strom und auch einer sehr geringen Leistung, ist das Verhältnis ungünstig gewählt. Zum anderen wurde das laterale Layout gemessen, bei welchem große Gate-Widerstände von 10 Ω verwendet wurden. Dadurch vergrößerten sich die Schaltverluste noch weiter und führten zu den hohen gemessenen Gesamtverlusten. Für das vertikale Layout werden externe Gate-Widerstände mit 1 Ω benötigt, was die Schaltverluste in den gleichen Arbeitspunkten stark reduziert. Der berechnete Wirkungsgrad für das vertikale Layout ist in der Abb. 4.14 dargestellt. Maximal ist ein berechneter Wirkungsgrad von 99,2 % möglich. Jedoch wird auch für das vertikale Layout der bestmögliche Wirkungsgrad mit drei parallelen 100 V Schaltern erst bei hohen Strömen erreicht.
Da solche Ströme ohne ein gutes Kühlkonzept nicht erreicht werden und vorerst eine reduzierte Leistung angestrebt wird, werden in den Kommutierungszellen der nachfolgenden Abschnitte lediglich zwei 200 V Schalter parallel verschalten.
Zusammenfassend kann festgehalten werden, dass mit dieser theoretischen Abschätzung anhand der Datenblattangaben eine akkurate Vorhersage getroffen werden kann. Allerdings sollte für Auslegungen, in denen die Leitverluste den Hauptbestandteil der Verluste ausmachen, davon ausgegangen werden, dass sich der R_{DSon} durchaus noch vergrößern kann. Die Hauptursache dieser Vergrößerung liegt in dem temperaturabhängigen R_{DSon}. Es ist daher sinnvoll, die Verluste schon in der Auslegung für die angestrebte Maximaltemperatur zu berechnen.

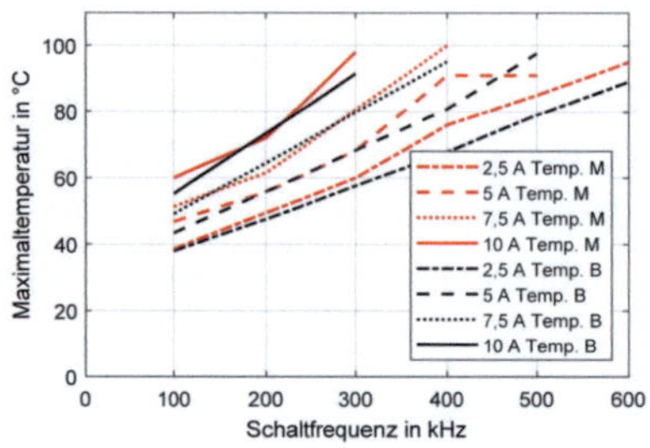

(a) Temperatur bei 30 V

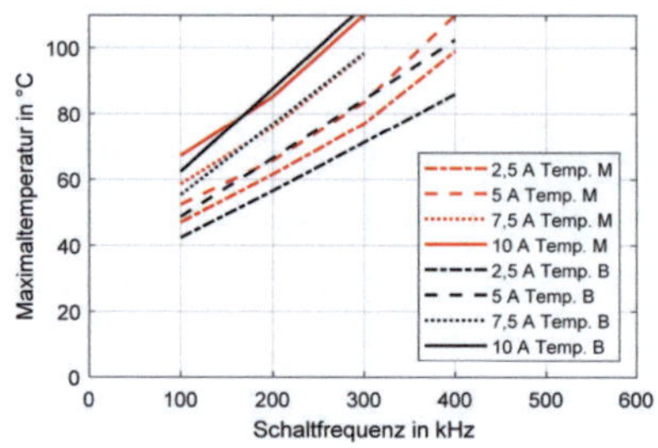

(b) Temperatur bei 40 V

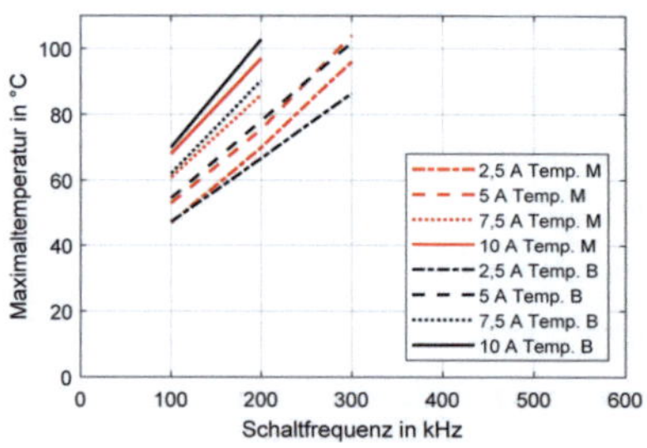

(c) Temperatur bei 50 V

Abbildung 4.12: Vergleich der gemessenen und berechneten Maximaltemperatur für drei unterschiedliche Drain-Source-Spannungen. Die Temperatur der Schalter wurde mit einer Wärmebildkamera gemessen. Die Berechnung basiert auf den Formeln aus dem Kapitel 2, den Angaben aus dem Datenblatt inklusive des temperaturabhängigen R_{DSon}-Faktors sowie den verwendeten Gate-Widerstandswerten. Die gemessenen Temperaturen werden jeweils in roter Farbe dargestellt und in der Legende mit einem M abgekürzt, während die berechneten Temperaturen mit schwarzer Farbe dargestellt und in der Legende mit einem B abgekürzt werden.

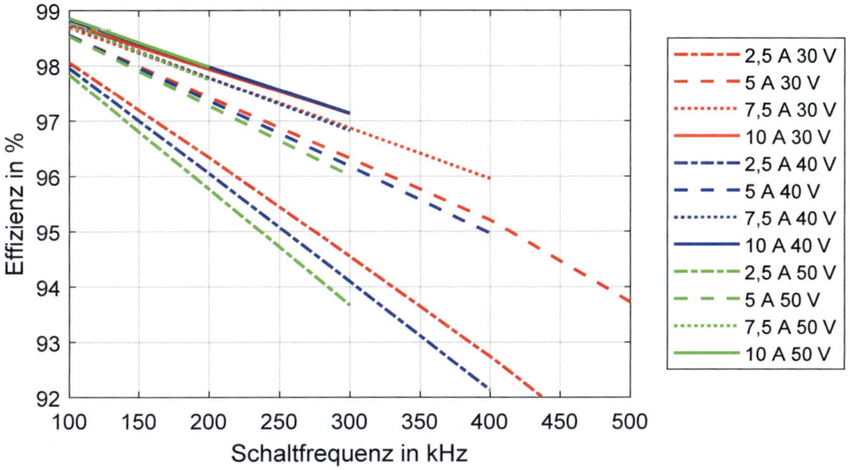

Abbildung 4.13: Effizienz des lateralen Layouts (drei parallele 100 V Schalter) im Tiefsetzsteller, berechnet über die gemessene Temperatur und die Kalibrierkennlinie bei einem Tastverhältnis von 50 %.

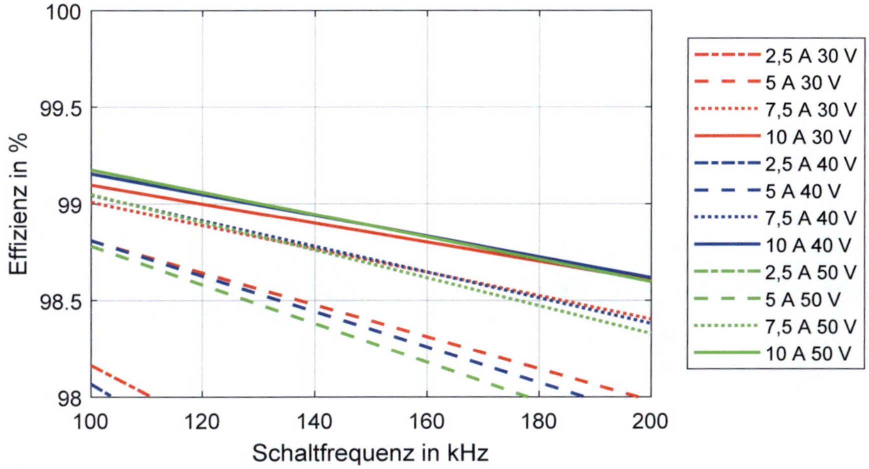

Abbildung 4.14: Effizienz des vertikalen Layouts (drei parallele 100 V Schalter) im Tiefsetzsteller, berechnet über die gemessene Temperatur und die Kalibrierkennlinie bei einem Tastgrad von 50 %.

4.2 Einphasiger Neunlevel-Prototyp

Dieser Abschnitt befasst sich mit den unterschiedlichen einphasigen Neunlevel-Prototypen. Einige Ergebnisse und Bestandteile dieses Abschnittes wurden im Rahmen dieser Promotion bereits in [59], [60] und [61] veröffentlicht.

4.2.1 Prototyp eins: Lochrasterplatine

Der erste Prototyp des Multilevel-Umrichters entstand ausschließlich auf einer Lochrasterplatine. Dieser Prototyp hatte den Zweck, prinzipielle Probleme des Aufbaus und Besonderheiten der Hardwarerealisierung eines Flying-Capacitor-Multilevel-Umrichters zu erkennen und anschließend im Layout berücksichtigen zu können. Der Prototyp ist in Abb. 4.15 dargestellt. Die Vorderseite des Prototyps ist einzig für die Verschaltung der einzelnen Flying-Capacitor-Kommutierungszellen und für die Anbindung der Ansteuersignale und Ansteuerspannungsversorgung vorhanden. Es sind acht Flying-Capacitor-Kommutierungszellen verschalten, um einen Neunlevel-Flying-Capacitor-Multilevel-Umrichter zu realisieren. Als Kommutierungszelle wurde die beschriebene Variante mit drei parallel verschalteten 100 V EPC GaN-Schaltern aus dem vorherigen Abschnitt verwendet. Die Flying-Capacitors zur Energiespeicherung während der einzelnen Schaltzustände befanden sich auf der Rückseite des Umrichters. Sie wurden mit Hilfe von zwei unterschiedlichen Folienkondensator-Varianten realisiert.

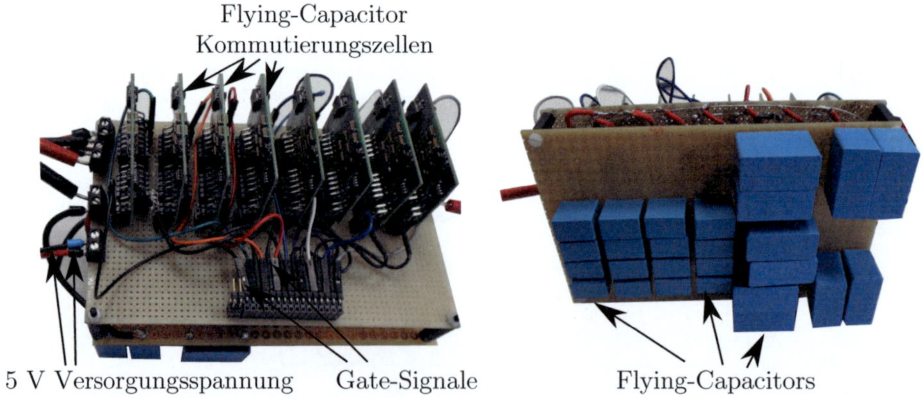

Abbildung 4.15: Neunlevel-Prototyp, gelötet auf einer Lochrasterplatine mit Folienkondensatoren als Flying-Capacitors, welche sich auf der Rückseite einer weiteren Lochrasterplatine befinden.

Messungen an diesem Prototyp führten bei einer Eingangsspannung von 220 V stets zu der Zerstörung von mindestens einer Kommutierungszelle. Die Messung eines solchen Ausfallszenarios wurde mit Hilfe eines Oszilloskops aufgenommen. In der Messung der geschalteten Ausgangsspannung war während einer Spannungsstufe ein hochfrequentes Schwingen erkennbar. Diese Spannungsoszillation führte zu dem beschriebenen Ausfall. Da die Ansteuerung des defekten GaN-Schalters nach seiner Zerstörung einen größeren Strom bezieht, kam es kurze Zeit nach dem Ausfall des Schalters zum Abschalten der 5 V Versorgungsspannung. Folglich wurden die anderen Schalter nicht weiter getaktet und die Ausgangsspannung und der Ausgangsstrom fielen auf 0 V beziehungsweise 0 A ab. Ursache für die Oszillation und den Ausfall war eine Resonanzstelle, welche sich zwischen den Flying-Capacitors und der parasitären Induktivität des Folienkondensators bildete. Diese befand sich in einem Frequenzbereich von 2 MHz. Für die gewünschte Schaltfrequenz von 800 kHz kam, aufgrund der harmonischen vielfachen Komponenten der Schaltfrequenz, bei höheren Strömen und Spannungen zu einer Anregung dieser Resonanzstelle. Eine Dämpfung wäre prinzipiell über einen Widerstand möglich, jedoch erzeugt eine solche Schaltung zumeist viele Verluste, oder hat anderweitige negative Effekte auf die Schaltung. Aus diesem Grund ist in einem Leiterplattenlayout darauf zu achten, die parasitären Induktivitäten zu den Flying-Capacitors gering zu halten. Zudem sollten geeignete Flying-Capacitor-Kondensatoren gewählt werden, welche eine niedrige parasitäre Induktivität haben. Diese besitzen folglich eine Eigenresonanz, die wesentlich höher ist als die Ausgangsschaltfrequenz des Umrichters. Daraufhin lässt sich eine Anregung der beschriebenen Resonanzstelle aufgrund der Schaltfrequenz vermeiden.

Der Prototyp aus Abb. 4.15 wurde infolge dieser Ergebnisse für weitere Tests angepasst. Dieser verbesserte Prototyp ist in Abb. 4.16 dargestellt. Die Entstörungskondensatoren wurden vorerst durch Keramikkondensatoren mit einer höheren Kapazität ersetzt. Diese dienten direkt als Flying-Capacitors und ersetzten die externen Folienkondensatoren. Das resultierende vereinfachte Ersatzschaltbild besitzt demzufolge lediglich eine sehr geringe parasitäre Induktivität und der parallele Zweig mit dem Entstörungskondensator entfällt komplett. Die Resonanzstelle wird somit vollständig aus dem relevanten Frequenzbereich entfernt. Durch das Ersetzen der niederinduktiven Entstörungskondensatoren mit den Keramik Flying-Capacitors erhöhte sich die Induktivität während der Kommutierung. Daraufhin mussten bei dem Prototypen größere Gate-Vorwiderstände verwendet werden, welche in erhöhten Schaltverlusten resultierten. Dies war für die Tests allerdings vorerst unbedeutend, da die Maximaltemperatur der Schalter nicht überschritten wurde. Die Ausgangsspannung dieser Variante verbesserte sich im Gegensatz zur vorherigen stark. Mit diesem verbesserten Prototypen wurde ein Peak Strom von 15 A erreicht, eine maximale Zwischenkreisspannung von 300 V

Abbildung 4.16: Neunlevel-Prototyp, gelötet auf einer Lochrasterplatine mit Keramikkondensatoren als Flying-Capacitors. Es wurden keine Entstörungskondensatoren verwendet, weshalb die parasitäre Induktivität der Keramik-Speicherkondensatoren einen direkten Einfluss auf die Induktivität des Kommutierungskreises hat.

und eine maximale Leistung von 1,6 kW.
Bei höheren Spannungen und Strömen kam es aufgrund von EMV-Störungen in den Ansteuerleitungen und dem damit verbundenen fehlerhaften Einschalten zu einem Brückenkurzschluss. Die zugehörige Messung ist in Abb. 4.18 veranschaulicht. Verbesserungen diesbezüglich konnten nur mit einem neuen Prototypen über ein Leiterplattenlayout des Mainboards mit einer Schirmung der Signalleitungen erzielt werden.

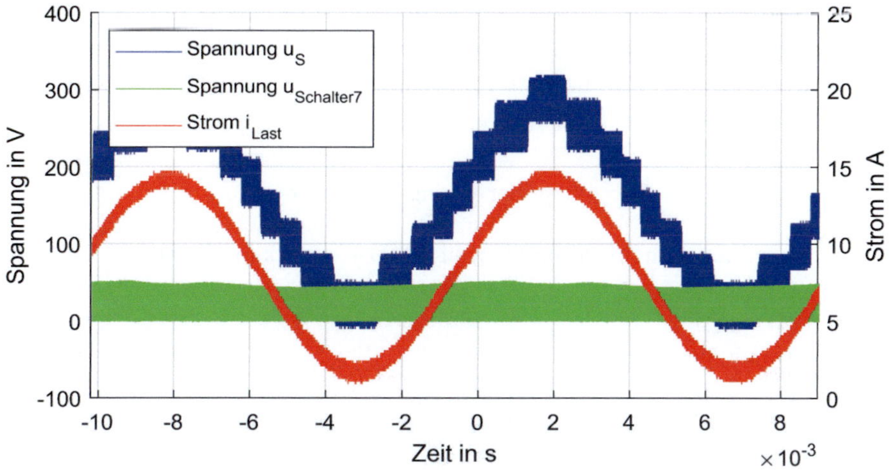

Abbildung 4.17: Messung der maximalen Zwischenkreisspannung und maximal übertragbaren Leistung des Neunlevel-Prototyps aus Abb. 4.16.

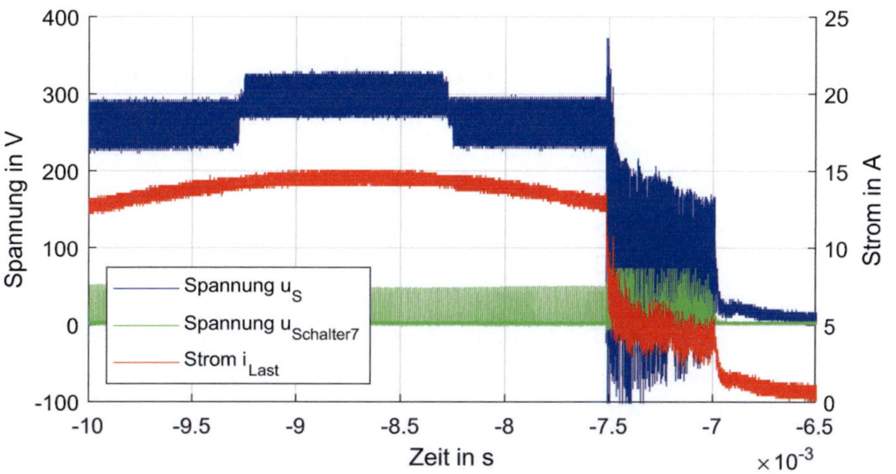

Abbildung 4.18: Messung des Umrichterausfalls des Neunlevel-Prototyps aus Abb. 4.16. Der Ausfall erfolgte bei 350 V aufgrund einer Störung in der Ansteuerung der Schalter.

4.2.2 Prototyp zwei: Mainboard-Layout

In diesem Abschnitt wird die zweite Variante des Multilevel-Prototyps vorgestellt. Im Gegensatz zu den bisherigen Protoytpen wurde für das Mainboard eine gefertigte Leiterplatte verwendet. In das Leiterplattenlayout sind die folgenden Erkenntnisse aus dem vorangegangenen Abschnitt eingeflossen:

- Niederinduktive Anbindung der Flying-Capacitors
- Verwendung von niederinduktiven SMD-Keramikkondensatoren als Flying-Capacitors
- Schirmung der Signalleitungen

Zudem wurden die Kommutierungszellen leicht angepasst. Die 100 V Schalter von EPC wurden durch 200 V Schalter von EPC ersetzt, um die Stabilität des Aufbaus gegen Überspannung zu erhöhen. Grundsätzlich könnte man diese Schalter bei geeigneter Wahl der Gate-Widerstände durch 170 V Schalter ersetzen. In der Abb. 4.19 und 4.20 ist der Prototyp dargestellt. Gemäß der Formel 2.1 liegt an den Kondensatoren, welche aus elektrischer Sicht nahe an dem Zwischenkreis sind, eine höhere Spannung an. Um die gewünschte Kapazität zu erhalten bestehen diese Kondensatoren aus einer Reihen- und Parallelschaltung mehrerer gleicher SMD-Keramikkondensatoren. Da die Spannung am Ausgang geringer ist, wird für die dort befindlichen Flying-Capacitors keine Reihenschaltung benötigt. Die Anzahl an SMD-Kondensatoren für diese Stufen ist daraufhin um den Faktor vier geringer. Insgesamt werden für diesen einphasigen Prototypen 76 SMD-Kondensatoren für die Spannungsstufen verwendet. Es ist sinnvoll, nochmals 16 Kondensatoren für den Zwischenkreiskondensator zu verwenden, um ein Überhitzen des Elektrolytkondensators aufgrund des hochfrequenten Stromrippels zu vermeiden. Alle benutzten Bauteile und die zugehörigen elektrischen Werte sind in Tab. 4.2 aufgelistet. Die Drosseln in diesem Prototypen sind lediglich aufgrund eines Fehlers im Layout auf der Rückseite der Leiterplatte montiert. Im Normalfall sind diese auf der Oberseite angebracht, wodurch das Gesamtvolumen noch geringfügig reduziert wird. In der Abb. 4.19 wurden exemplarisch Low-Cost Kühlkörper mit Hilfe von Kabelbindern aufgebracht. Dies dient lediglich der Veranschaulichung, wie ein verbessertes Kühlkonzept des Umrichters theoretisch aussehen könnte. Hierfür müssen die Kühlkörper für hohe Leistungsbereiche an allen Leiterplatten angebracht werden, um die Wärmeabfuhr des Umrichters zu vergrößern. Da eine Erfassung der Schaltertemperatur für diesen Fall auf den Kommutierungszellen nicht vorgesehen ist und mit der Wärmebildkamera der Hotspot nicht erkennbar ist, wurde auf einen Test mit erhöhter Leistung verzichtet. Die Abmessungen dieses Prototyps liegen bei einer Länge von 30 cm, einer Breite von 10 cm und einer maximalen Höhe der Elektrolyt Kondensatoren von 3,5 cm. Das Gesamtvolumen des einphasigen Aufbaus liegt folglich bei näherungsweise einem Liter (1050 cm^3). Dies entspricht auch dem theoretisch abgeschätzten optimierten Volumen aus dem Kapitel 2, welches für den dreiphasigen Aufbau bei etwa drei Liter liegt.

Tabelle 4.2: Parameter der Variante zwei des einphasigen Prototypen mit Mainboard-Layout

Komponente	Bauteil	Größe
Flying-Capacitors $C_{FC7,...,4}$	TDK(CKG57NX7T2W225M500JJ) 450 V 2.2 μF 2x in Reihe 8x parallel	8.8 μF
Flying-Capacitors $C_{FC3,2,1}$	TDK(CKG57NX7T2W225M500JJ) 450 V 2.2 μF 4x parallel	8.8 μF
Drosseln $L_{DM1,2}$	TTelectronics(HA55L-3023163LF*) 37 A 16.30 μH 3x parallel	5.4 μH
Filterkondensatoren $C_{DM1,2}$	Kemet(F861BZ105M310C) 310 Vac 1 μF 2x parallel	2 μF
Zwischenkreiskondensatoren C_{DC}	Nichicon(LGL2G331MELA35) 400 V 330 μF	330 μF
Entstörungskondensatoren C_{Dec}	Kemet(C1808C154KCRACTU) 500 V 0.15 μF 2x in Reihe 12x parallel	0.9 μF
GaN-Schalter $S_{8,..,1}$ $\bar{S}_{8,..,1}$	EPC (EPC2034) 200 V 10 mΩ 2x parallel	200 V

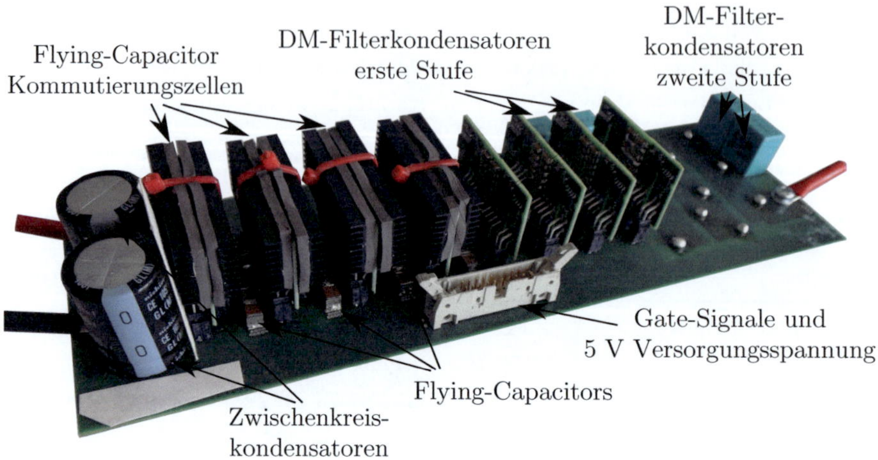

Abbildung 4.19: Vorderseite der Variante zwei des einphasigen Prototyps, welche mit einem Mainboard-Leiterplattenlayout realisiert wurde.

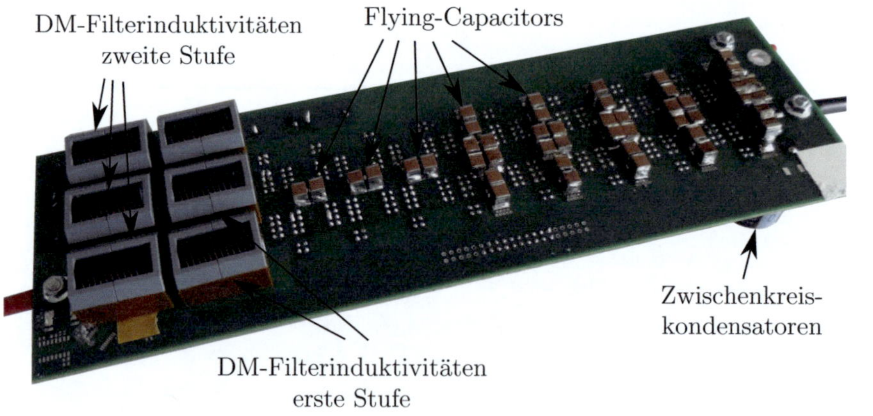

Abbildung 4.20: Rückseite der Variante zwei des einphasigen Prototyps, welche mit einem Mainboard-Leiterplattenlayout realisiert wurde.

Mit dem dargestellten Prototypen in den Abbildungen 4.19 und 4.20 wurden Messungen der maximal übertragbaren Leistung (ohne Kühlkörper) und der maximalen Zwischenkreisspannung durchgeführt. Zudem wurde ein Effekt gemessen, der seinen Ursprung in den parasitären Kapazitäten gegen den Mittelpunkt hat. Da dieser einen großen Einfluss auf die Spannungsqualität und den Wirkungsgrad hat, wird der Effekt im Abschnitt 4.3 genauer erklärt und auch simulativ untersucht. Zur Reduktion dieses Effektes wurde ein weiterer Hardwareprototyp angefertigt, welcher im nächsten Abschnitt genauer beschrieben wird. Die maximal übertragbare Leistung des hier gezeigten Prototyps wurde bei einer Zwischenkreisspannung von 600 V gemessen. Diese Leistung wurde von der DC- zur AC-Seite übertragen und bei einem Betrieb ohne Kühlkörper ermittelt. Es wurde lediglich ein 24 V Lüfter verwendet, um einen aktiven Luftstrom durch die Leiterplatten zu gewährleisten. Als Spannungsversorgung wurde eine Hochspannungsquelle des Herstellers EA Elektro Automatik (EA-PS 91000-30 3U) verwendet. Diese kann eine Spitzenleistung von 10 kW, eine maximale Spannung von 1000 V und einen Maximalstrom von 30 A bereitstellen. Als passiver Verbraucher wurde ein einstellbarer passiver Widerstand mit einer Maximalleistung von 7,5 kW auf der Ausgangsseite des Umrichters mit dem DC-Potential verbunden. Zum Beginn einer Messreihe wurde jeweils ein Widerstandswert an dem passiven Widerstand eingestellt und anschließend die Zwischenkreisspannung erhöht. Dementsprechend wurden die Flying-Capacitor-Spannungen synchron zur Zwischenkreisspannung aufgeladen. Die gemessene maximale Leistung von 6 kW ist in Abb. 4.21 dargestellt. Diese Leistung wurde bei einer Schaltfrequenz von 800 kHz und einer Maximaltemperatur der Schalter von 120 °C gemessen. Der stark verrauschte Ausgangsstrom (rote Kurve) resultierte aufgrund einer Einkopplung in der Stromzange und wird daher als Messfehler bewertet (Für nachfolgende Messungen wurde aus diesem Grund ein anderes Oszilloskop mit einer geeigneteren Hochfrequenzstromzange gewählt). Das hochfrequente Rauschen der geschalteten Ausgangsspannung stammt von den beschriebenen parasitären Kapazitäten gegen den Mittelpunkt und wird in einem separaten Unterkapitel genauer beschrieben. Aufgrund der vorgesehenen Applikation als dreiphasiger Umrichter ist das Modulationssignal auf den Mittelpunkt bezogen. Demnach kommt im einphasigen Betrieb ein DC-Offset zur AC-Komponente hinzu, welcher bei der Spannung und dem Strom erkennbar ist. Dieser Offset hat allerdings auf die übertragbare Maximalleistung keinen signifikanten Einfluss.

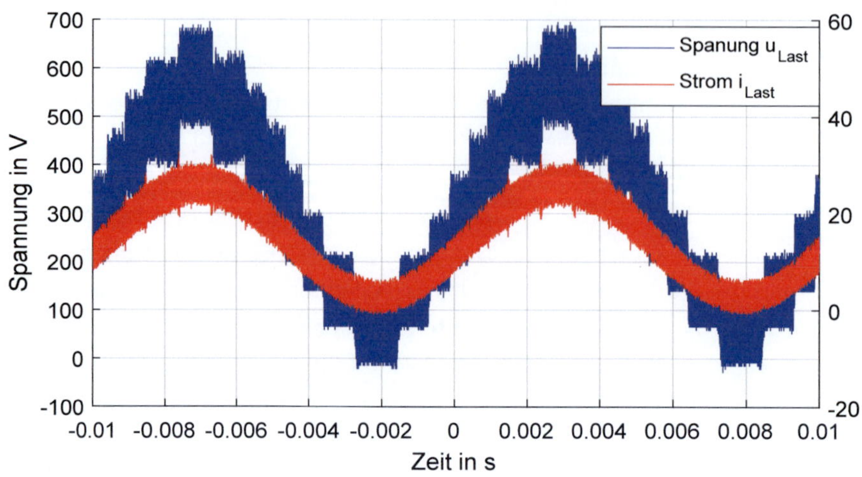

Abbildung 4.21: Gemessene Maximalleistung der Variante zwei des einphasigen Prototyps aus Abb. 4.19 und Abb. 4.20. Die Maximalleistung wurde bei einer Zwischenkreisspannung von 650 V gemessen, um einen realistischen Vergleich zu der dreiphasigen Applikation zu ermöglichen. Aufgrund des einphasigen Betriebes enthält die Leistung einen Gleich- und einen Wechselanteil.

4.2.3 Prototyp drei: Mainboard-Layout mit reduzierten parasitären Kapazitäten

Aufgrund des im Abschnitt 4.3 beschriebenen Effektes der parasitären Kapazitäten gegen den Mittelpunkt wurde ein weiterer Prototyp angefertigt. Dieser basiert auf dem gleichen Layout wie der beschriebene Prototyp zwei und ist in Abb. 4.22 dargestellt. Im verbesserten Prototyp drei wurden die Flying-Capacitors direkt auf die Kommutierungszellen gelötet und mittels Kupferblechen ohne einen Kontakt zum Mainboard verbunden. Das Filter wurde extern über Laborkabel angeschlossen und lediglich die Ansteuersignale, die 5 V Spannungsversorgung und die Zwischenkreiskondensatoren befanden sich noch auf dem Mainboard. Dieser Prototyp nutzte im Vergleich zu dem Prototyp 4.19 wegen der reduzierten Schaltüberspannung externe Gate-Widerstände mit einem geringeren Widerstandswert. Die GaN-Halbleiter schalteten folglich schneller und daher auch mit geringfügig niedrigeren Schaltverlusten. Zudem wurde der Strom nicht mehr durch die THT-Steckverbinder auf dem Mainboard geführt. Diese Steckverbinder wurden während der Testphase verwendet, um die Kommutierungszellen im Fall der Zerstörung leicht ersetzen zu können. Aufgrund des ohmschen

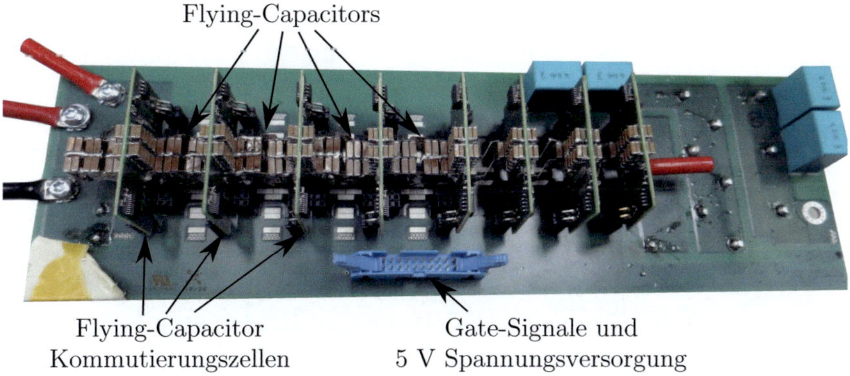

Abbildung 4.22: Vorderseite der Variante drei des einphasigen Prototyps, welcher mit einem Mainboard-Leiterplattenlayout und reduzierten parasitären Kapazitäten gegenüber dem Bezugspotential ausgeführt wurde. Hierfür wurden Kupferbleche zur Verbindung zwischen den Kommutierungszellen benutzt und die Flying-Capacitor-Speicherkondensatoren direkt auf den Kommutierungszellen aufgelötet.

Widerstandes der Steckverbinder erzeugen diese für große Ströme relevante Verluste. Insofern sollten diese in einem finalen Prototyp entfernt werden. Die Gesamteffizienz dieses Prototyps ohne die Steckverbinder ist daher höher als für den Prototyp zwei. Der Wirkungsgrad des Umrichters wurde anhand mehrerer Messungen mit Hilfe eines Leistungsanalysators ermittelt. Diese Messungen werden für unterschiedliche Schaltfrequenzen und Betriebspunkte im Nachfolgenden noch genauer erläutert. Die restlichen verwendeten Komponenten veränderten sich bis auf die Gate-Widerstände nicht, weshalb auf eine detaillierte Beschreibung auf die Tab. 4.2 verwiesen wird. Mit dem beschriebenen Prototyp drei aus Abb. 4.22 konnten die nachfolgend aufgelisteten Ergebnisse messtechnisch ermittelt werden:

- Messung der maximalen DC-Zwischenkreisspannung: Industrielle Anwendungen besitzen typischerweise einen großen Zwischenkreisspannungsbereich. Ein Wert von 820 V wurde als Maximum für diesen Umrichter angenommen. In Abb. 4.23 wurde der Umrichterbetrieb für diese Maximalspannung an einer passiven Last getestet. Theoretisch ist mit den verwendeten 200 V Schaltern noch eine höhere Spannung möglich, allerdings sind die Kondensatoren und die Spannungsabstände lediglich auf 820 V ausgelegt. Infolgedessen wurde auf einen Test mit einer noch höheren Zwischenkreisspannung verzichtet.

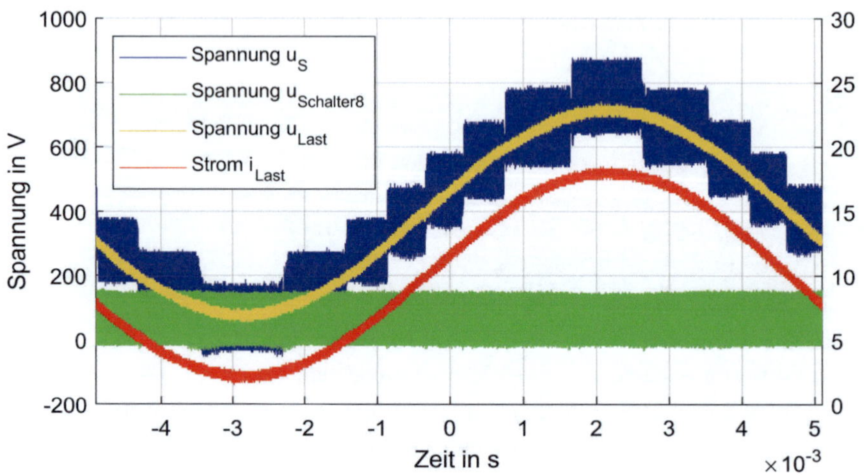

Abbildung 4.23: Messung bei einer Zwischenkreisspannung von 820 V, betrieben an einem ohmschen passiven Widerstand. Die Maximalspannung der Spannung $u_{Schalter8}$ des Schalters S_8 betrug während der ganzen Netzperiode etwa 150 V.

Die gemessene maximal auftretende Spannung an den Schaltern betrug beim Schaltvorgang 150 V und war daher für den stationären Betrieb unkritisch.

- Messung des Wirkungsgrades bei unterschiedlichen Arbeitspunkten und Schaltfrequenzen: Der Wirkungsgrad des Gesamtsystems wurde für unterschiedliche Schaltfrequenzen und Arbeitspunkte gemessen. Diese Wirkungsgradmessung erfolgte mit dem Gesamtaufbau inklusive des EMV-Filters und der Zwischenkreiskondensatoren. Durch den Ausgangsfilter und die Zwischenkreiskondensatoren wurden daher die hochfrequenten Anteile weitestgehend reduziert. Dies ermöglichte eine verlässliche Messung des Gesamtwirkungsgrades mittels eines Leistungsmessgerätes. Als Leistungsmessgerät wurde das WT500 der Firma Yokogawa mit einem akkurat messbaren Frequenzbereich bis 100 kHz verwendet. Da das EMV-Filter angeschlossen wurde und Frequenzen oberhalb von 100 kHz in der gefilterten Spannung und dem gefilterten Strom nicht mehr auftraten, genügte dieser Messbereich. Zur Validierung der Messung wurden die Wirkungsgradmessungen im dreiphasigen Aufbau mit dem genaueren Yokogawa Präzisions-Leistungsanalysator WT5000 überprüft und anhand vergleichbarer Ergebnisse bestätigt. Die einphasigen Wirkungsgradmessungen dieses Prototyps wurden jeweils für eine resultierende Schaltfrequenz von 400 kHz, 800 kHz und 1000 kHz durchgeführt. Zudem erfolgten die Messungen jeweils für zwei Arbeitspunkte mit einer Maximalleistung von 5 kW und 3 kW. Die Zwischenkreisspannung wurde jeweils bis maximal 600 V angehoben und die Wirkungsgrade wurden alle 100 V beziehungsweise 50 V dokumentiert. Die gemessenen Wirkungsgrade sind in der Tab. 4.3 dargestellt. Der maximale Wirkungsgrad trat für alle Messreihen bei einer Zwischenkreisspannung von etwa 600 V auf.

Tabelle 4.3: Wirkungsgradmessung der dritten Variante des einphasigen Prototyps bei unterschiedlichen Arbeitspunkten und Schaltfrequenzen.

Schaltfrequenz f_{SW}	Leistung 5 kW	Leistung 3 kW
400 kHz	99,2 %	99,4 %
800 kHz	99,0 %	99,2 %
1000 kHz	98,9 %	99,1 %

Die gemessenen Werte weisen lediglich einen geringfügigen Unterschied zu der theoretischen Berechnung in der Optimierung auf. Hier wurde ein Wirkungsgrad von 99,4 % ermittelt, während am Prototypen ein maximaler Wirkungsgrad von 99,2 % bei gleicher Schaltfrequenz gemessen wurde. Der Wirkungsgrad von 99,2 % ist einer der höchsten, welcher bisher an vergleichbaren Umrichtern gemessen wurde. Der gemessene Wirkungsgrad des einphasigen Prototyps aus Abb. 4.22 ist aufgrund marginal reduzierter Gate-Einschaltwiderstände und der fehlenden Steckverbinder geringfügig höher als der des dreiphasigen Prototyps.

4.2.4 Prototyp vier: Mainboard-Layout mit reduzierten parasitären Kapazitäten und einem niederinduktiven Anschluss des EMV-Filters

Der in der Abb. 4.24 und in der Abb. 4.25 abgebildete Prototyp hat im Vergleich zur Variante zwei aus Abschnitt 4.2.2 ein verbessertes Layout.
Im Gegensatz zum Prototyp drei aus Abb. 4.22 ist der Prototyp vier maschinell bestückbar. In diesem Layout werden die parasitären Kapazitäten zum Mittelpunkt weitestgehend vermieden, um den beschriebenen Effekt im Abschnitt 4.3 zu reduzieren. Die Filterkondensatoren sind aufgrund der Erkenntnisse aus dem Abschnitt 4.4.3 möglichst niederinduktiv angeschlossen. Aus diesem Grund befinden sich die DM-Kondensatoren der ersten Filterstufe und die gesamte zweite Filterstufe nahe der

Abbildung 4.24: Vorderseite der Variante vier des einphasigen Neunlevel-Flying-Capacitor-Umrichters. Das Layout der Mainboard-Leiterplatte wurde angepasst, um parasitäre Kapazitäten gegenüber dem Bezugspotential zu vermeiden und den Anschluss der EMV-Filterkondensatoren niederinduktiv auszuführen.

DC-Eingangsklemmen. Der Prototyp hat eine Länge von 28,5 cm, eine Breite von 10 cm und eine Maximalhöhe der Elektrolytkondensatoren von 3,5 cm. Das Gesamtvolumen liegt folglich im Bereich von einem Liter. Im Vergleich zu den vorangegangenen Prototypen werden in diesem die GaN-Schalter [EPC2034C] mit einem reduzierten Durchlasswiderstand verwendet. Da aktuell für hohe Leistungen die Durchlassverluste dominant im Vergleich zu den Schaltverlusten sind, kann der Wirkungsgrad folglich für den gleichen Arbeitspunkt und identische Randbedingungen nochmals erhöht werden.

Zudem wurde die Ansteuerplattform dieses Prototyps, wie in Abb. 4.26 dargestellt, angepasst. Die Generierung der PSPWM erfolgte identisch zu den vorherigen Prototypen über ein FPGA-Entwicklungsboard. Jedoch wurde bei den vorherigen Prototypen auch das Modulationssignal auf dem FPGA erzeugt, wodurch dieses nicht während des Betriebes angepasst werden konnte. In diesem Prototypen wurde das Modulationssignal extern erzeugt und in Form einer gewöhnlichen Zweilevel-PWM an das FPGA-Entwicklungsboard übertragen. Auf dem Entwicklungsboard wurde demnach vorerst aus dem Zweilevel-PWM-Signal ein Modulationsgrad berechnet und anhand dieses Modulationssignals die jeweiligen Pulse für den Multilevel-Umrichter erzeugt. Dies ermöglichte eine Anbindung der Siemens Software an den Multilevel-Umrichter, wodurch nun auch während des Betriebes eine Aussteuergradänderung vorgenommen werden konnte. Ein prinzipieller Überblick dieser Ansteuerung wird in Abb. 4.26 gegeben. Zudem ist es mit dieser Ansteuerung möglich, die Regelung des Standard

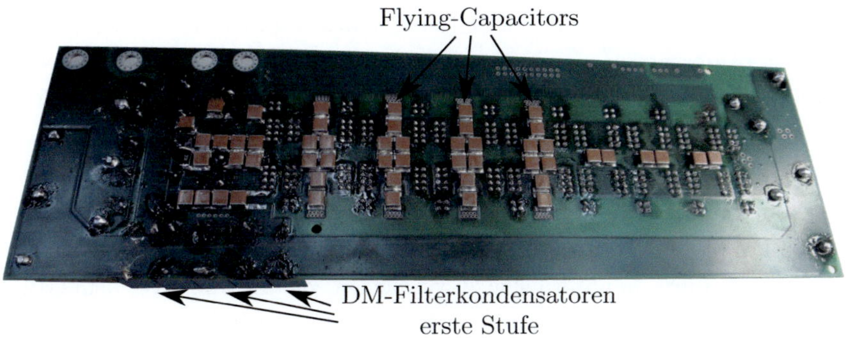

Abbildung 4.25: Rückseite der Variante vier des einphasigen Neunlevel-Flying-Capacitor-Umrichters. Das Layout der Mainboard-Leiterplatte wurde angepasst, um parasitäre Kapazitäten gegenüber dem Bezugspotential zu vermeiden und den Anschluss der EMV-Filterkondensatoren niederinduktiv auszuführen.

Siemens Umrichters ohne große Anpassungen zu implementieren. Wird diese Regelung verwendet, können auch die gängigen Inbetriebnahmetools von Siemens verwendet werden und die Auswertung von gemessenen Größen mittels Traces etc. erfolgen.

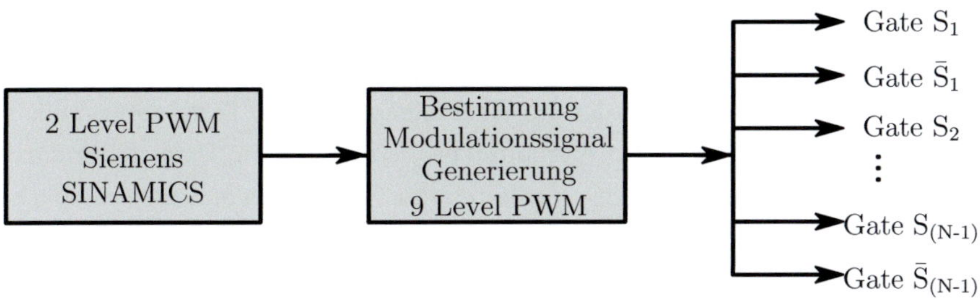

Abbildung 4.26: Prinzipielle Darstellung der erweiterten Ansteuerplattform. Die Siemens-Plattform übernimmt die Aufgabe der Generierung des Modulationssignals und für den geregelten Betrieb auch der Stromregelung und Zwischenkreisspannungsregelung. Diese werden durch 40 kHz Zweilevel-Pulse an ein FPGA weitergegeben, auf welchem der Neunlevel-Modulator implementiert ist und die Gate-Signale der Schalter des Multilevel-Umrichters ausgegeben werden. Eine detaillierte Beschreibung, wie aus der Zweilevel-PWM ein Modulationssignal generiert wird, befindet sich im Anhang.

Die Kopplung dieser beiden Systeme ist auch in den Ausgangskurven anhand der dritten harmonischen Komponente der Netzfrequenz ersichtlich. Diese ist für einen dreiphasigen Umrichterbetrieb mittels Raumzeigermodulation typisch. Im dreiphasigen Betrieb wird durch diese 150 Hz Komponente das Nullsystem angehoben, wodurch ein größerer Aussteuerbereich erreicht wird. Im Gegensatz zum einphasigen Betrieb ist der Strom im dreiphasigen Betrieb unverändert sinusförmig, was auch in den dreiphasigen Messungen von Kapitel 4.4 erkennbar ist. Zur Kopplung der Zweilevel-PWM und der Multilevel-PWM-Generierung wurden Signalleitungen verwendet. Diese wurden möglichst kurz ausgeführt, um Störungen zu vermeiden. Zudem wurde vor dem GPIO-Eingang des FPGA-Entwicklungsboards noch ein Tiefpass mit einer Grenzfrequenz im Megahertzbereich ausgeführt, welcher hochfrequente Störimpulse unterdrückt. Der Prototyp wurde analog zu den vorherigen Prototypen auch mit einer maximalen Zwischenkreisspannung von 820 V und bis zu einer einphasig übertragbaren Leistung von 6 kW getestet. Anhand dieser Tests ließ sich feststellen, dass auch eine hohe Spannung oder hoher Strom nicht zu Störungen der Signalleitungen führt. Da diese Tests schon beim vorherigen Prototypen erläutert wurden, wird auf diese Ergebnisse verwiesen. Aufgrund der veränderten Ansteuerplattform bestand die Möglichkeit, im laufenden Betrieb auch transiente Messungen aufzunehmen. Aktuelle Veröffentlichungen im Bereich Multilevel-GaN-Umrichter zeigen hauptsächlich das statische Verhalten eines solchen Umrichters ([6],[8] und [10]). Lediglich in der Veröffentlichung [12] wird zudem noch ein möglicher Startprozess eines solchen Umrichters und eine Erhöhung des Modulationssignals mit einer Anstiegszeit von 0,2 s gezeigt. Diese große Zeitspanne spiegelt jedoch nicht die maximale Bandbreite eines solchen Multilevel-Umrichters wider. Aus diesem Grund werden im Nachfolgenden zwei Tests vorgestellt, welche einen Einblick in das transiente Verhalten des Umrichters im Bereich der maximalen Bandbreite und in das transiente Verhalten des Natural-Balancings ermöglichen. Im ersten Abschnitt wird ein stufenförmiger Anstieg der Zwischenkreisspannung von 100 V gezeigt. Dieser Test diente lediglich zur Darstellung des Balancings und hat im Hinblick auf typische Betriebsbedingungen daher eine geringe Relevanz. Im zweiten Abschnitt wird eine Messung gezeigt, die den typischen Betriebsbedingungen ähnelt. Das Modulationssignal wurde stufenförmig angehoben, während die Flying-Capacitors schon vorgeladen und symmetrisch sind. Ein solches Verhalten könnte zum Beispiel von einem hochdynamischen Lastsprung resultieren. Ein solcher kann beispielsweise dann auftreten, wenn ein hochdynamischer AC-Motor startet oder DC-Speicher hochdynamisch geladen oder entladen werden. Die beiden transienten Messungen werden nachfolgend beschrieben:

- Transiente Messung, sprungförmiger Anstieg der Zwischenkreisspannung: In der Abb. 4.27 ist ein sprungförmiger Anstieg der Zwischenkreisspannung dargestellt. Diese Messung wurde mit einem Sprung der Zwischenkreisspannung von 40 V auf 140 V getestet. Typischerweise ist der Zwischenkreis auf eine Spannung von 650 V geladen, allerdings ändert sich das Verhalten der Flying-Capacitors auch bei einer höheren Zwischenkreisspannung lediglich geringfügig, weshalb auch 40 V ausreichen. Aufgrund des großen Elektrolytkondensators und der limitierten Leistungsfähigkeit der DC-Spannungsquelle erreichte die Zwischenkreisspannung den neuen Zielwert erst nach 5 ms. Dieser Sprung führte, wie es im Abschnitt 3 schon detailliert betrachtet wurde, auch zu einem Sprung in der Flying-Capacitor-Spannung. Zum Zeitpunkt des sprungförmigen Anstiegs waren diese Kondensatoren noch auf den alten Wert geladen und mussten sich demnach erst wieder auf den neuen Wert balancen. Dieser Symmetrierungseffekt erfolgte nach einer Dauer von 10 ms. In der Abb. 4.27 wurde einzig die Spannung des Flying-Capacitors u_{FC7} gemessen. Vorangegangene Messungen haben gezeigt, dass der Symmetrierungseffekt dieses Kondensators besonders kritisch ist, wobei kritisch bedeutet, dass die Spannung zwischen zwei Flying-Capacitors nie die maximal zulässige Drain-Source-Spannung der GaN-Schalter überschreiten darf. Falls dies jedoch geschieht, kann das zu der Zerstörung dieses Schalters führen. Hierdurch liegt auch eine Überspannung an den restlichen Schaltern an, die infolgedessen zerstört werden. Die dargestellten Messungen in Abb. 4.27 zeigen allerdings keine kritischen Werte. Da lediglich die Amplitude des sprungförmigen Anstiegs relevant ist, sind die Ergebnisse auch auf den Fall einer höheren Zwischenkreisspannung als Startwert anwendbar. Diese Messung wurde durchgeführt um das Natural-Balancing am realen Prototypen zu untersuchen. Ein solcher Betriebszustand tritt nicht unter den industriellen Betriebsbedingungen auf. Im typischen Betrieb ändert sich die Zwischenkreisspannung lediglich aufgrund der unterlagerten Stromregelung. Daher sind die Amplitude und die Bandbreite der Zwischenkreisspannungsänderung sehr limitiert und das Balancen der Kondensatoren führt zu keinem kritischen Zustand. Diese Aussage wurde auch anhand einer Simulation mit dem geschlossenen Regelkreis für den Strom und die Spannungsregelung bei einer geeigneten Reglereinstellung überprüft und anhand typischer Betriebsbedingungen validiert. Diese simulativen Ergebnisse werden in Kapitel 5 vorgestellt.

- Transiente Messung, sprungförmiger Anstieg des Modulationssignals: Die Bandbreite und die Amplitude der Zwischenkreisspannung sind im Betrieb aufgrund der Kaskadenregelung limitiert. Im Vergleich dazu können sich die Last und folglich auch der Strom im Betrieb sehr dynamisch ändern. Diese Änderungen sind üblicherweise über die Zeitkonstante des EMV-Filters begrenzt. Wegen der

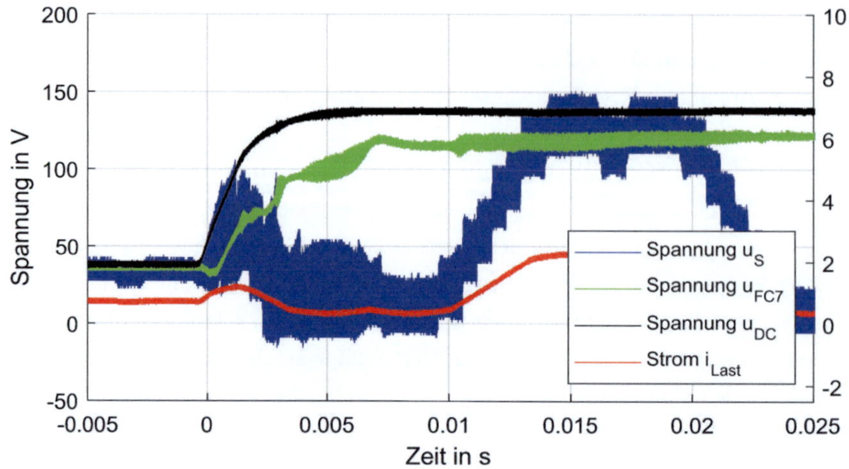

Abbildung 4.27: Gemessene Sprungfunktion der DC-Zwischenkreisspannung von 40 V auf 140 V.

hohen resultierenden Schaltfrequenz von 800 kHz und den geringen Spannungsstufen ist das EMV-Filter des beschriebenen Prototyps wesentlich kleiner als das eines Standardumrichters. Dies führt zu einer sehr hohen Eckfrequenz im Bereich von 35 kHz und verkleinert demnach die theoretische Zeitkonstante des Stromes enorm. Um dieses Verhalten zu testen, wurde der Modulationsgrad des Umrichters sprungförmig erhöht. Zum Zeitpunkt des Sprunges sind die Flying-Capacitors vollständig geladen und lediglich das Zeitverhalten und der Einfluss auf die Spannungen sind von Interesse. Dieser Test ist in der Abb. 4.28 visualisiert. Der Modulationsgrad wurde von 10 % auf 80 % erhöht.

Die geringe Stufenanzahl der Ausgangsspannung zum Beginn der Messung resultierte aus dem geringen Modulationsgrad von 10 %. Allerdings wurden dennoch alle Kondensatoren beschalten und infolgedessen auch abwechselnd geladen und entladen. Insofern blieben die Flying-Capacitor-Spannungen auch bei diesem geringen Modulationsgrad symmetrisch. In Abb. 4.28 ist das detaillierte Zeitverhalten dargestellt. Der neue Zielwert wurde nach 50 μs erreicht. Für einen geschlossenen Regelkreis wäre somit eine Bandbreite von etwa 20 kHz möglich. Es war in diesem Test nicht möglich, das theoretische Limit von 35 kHz zu messen, da das 40 kHz Modulationssignal der Zweilevel-PWM zwei Schritte generierte, um den neuen Zielwert zu erreichen. Dies lag lediglich an der verwendeten Ansteuerplattform und kann zukünftig noch verbessert werden. Im

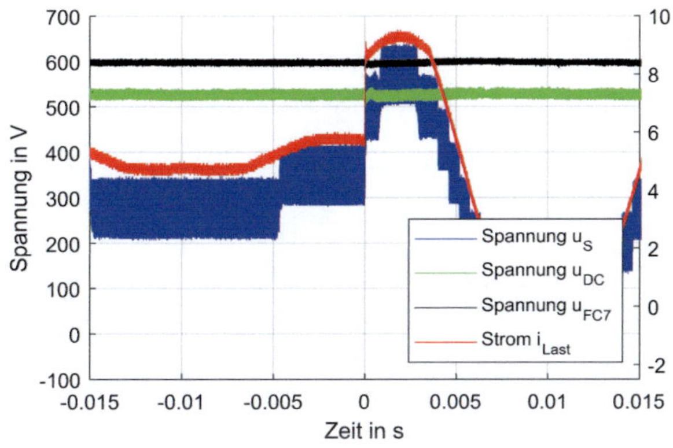

(a)

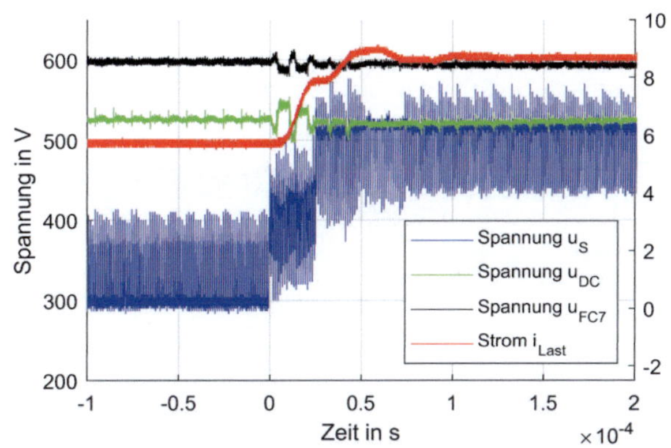

(b)

Abbildung 4.28: (a) Gemessener Sprung des Modulationssignals von 10 % auf 80 %, (b) Detailansicht dieser Messung.

Vergleich zu einem Standardumrichter wäre es dennoch möglich die Bandbreite des Umrichters um einen Faktor von zehn zu vergrößern. In Matlab wurde eine vereinfachte Simulation erstellt, um dieses Verhalten zu verifizieren. Der Fokus dieser Simulation lag auf dem transienten Verhalten dieses Umrichters, weshalb das vereinfachte Modell lediglich ideale Schalter und Komponenten verwendet. Die Ergebnisse des simulierten theoretischen Zeitverhaltens mit dem zugehörige Detailbild sind in der Abb. 4.29 dargestellt.

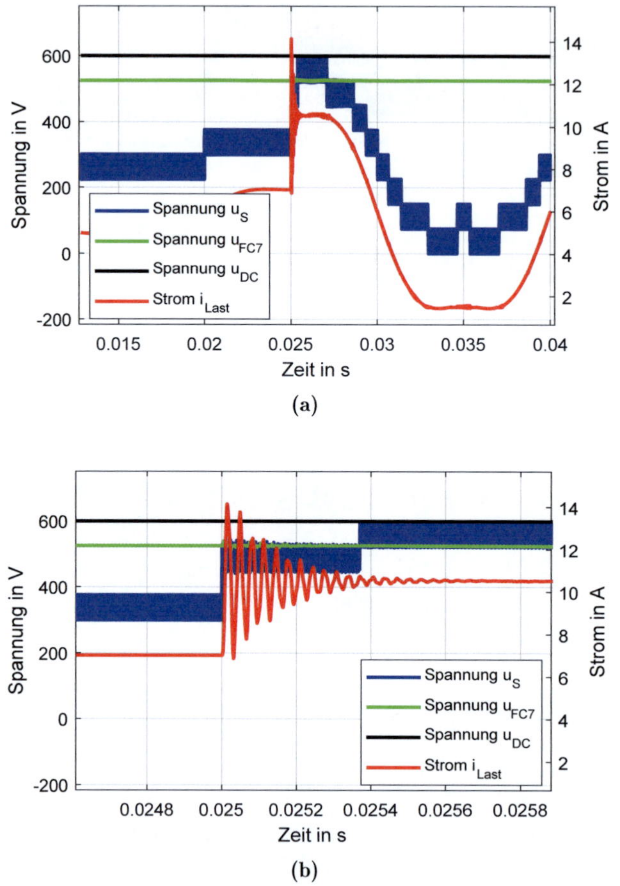

Abbildung 4.29: (a) Simulierter Sprung des Modulationssignals von 10 % auf 80 %, (b) Detailansicht dieser Simulation.

Im Vergleich zu den gemessenen Werten sind zwei Unterschiede erkennbar: Zum einen war es simulativ möglich, die theoretische Eckfrequenz von etwa 35 kHz zu erreichen. Zum anderen gab es in der Simulation nahezu keine Dämpfung des Laststroms. Dies ist an dem stark oszillierenden Strom erkennbar. Im Rahmen dieser Arbeit wurden keine weiteren Untersuchungen zum Ursprung dieser Dämpfung getätigt, da dieses Verhalten ausschließlich bei dem sprungförmigen Betrieb auffällig war. Sofern dieser nicht periodisch mit einer hohen Frequenz auftritt, hat die Dämpfung lediglich eine geringe Relevanz für das Gesamtsystem. Ist eine solche hochfrequente periodische Anregung des Modulationssignals gewünscht, sollte untersucht werden, in welchem Bauteil die Ursache dieser Dämpfung liegt und ob dieses Bauteil aufgrund der damit verbundenen erhöhten Verluste gegebenenfalls überhitzt.

4.3 Einfluss der parasitären Kapazität gegenüber dem Mittelpunkt

Teile dieses Abschnitts wurden im Rahmen dieser Promotion bereits in [61] veröffentlicht. Die Flying-Capacitor-Kommutierungszellen sind mit Hilfe von SMD-Steckverbindern mit dem Mainboard der Prototypen verbunden. Das erste Mainboard-Leiterplattenlayout ist in der Abb. 4.19 dargestellt. Es wurde entworfen, um auch bei dem Nennstrom von 40 A möglichst geringe Leitverluste zu generieren. Um diese Anforderung erfüllen zu können, wurden breite und große Kupferflächen zwischen den Kommutierungszellen, den Flying-Capacitors und dem Ausgang verwendet. Unterhalb dieser Flächen befindet sich eine Kupferlage, welche als EMV-Schirm genutzt wird. Diese Lage wird üblicherweise mit dem Mittelpunktpotential des Umrichters verbunden und soll Signalleitungen vor EMV-Störungen schützen. Wird die geschaltete Ausgangsspannung dieses Umrichters für einen reduzierten Zeitbereich von 10 μs betrachtet, ist ein hochfrequentes Oszillieren zum Zeitpunkt des Schaltvorganges erkennbar. Diese Messung für eine reduzierte Zwischenkreisspannung von 400 V ist in Abb. 4.30 abgebildet. Es ist erkennbar, dass das Überschwingen der Spannung für unterschiedliche Schaltzustände nicht identisch ist. Im Bereich von 10 μs erhöht sich die Überspannung stufenweise. Dieses Verhalten kann daher nicht dem üblichen Spannungsüberschwingen, das infolge der parasitären Effekte des Kommutierungskreises auftritt, zugeordnet werden. Dennoch hat der Effekt einen signifikanten Einfluss. Wird der Best-Case- mit dem Worst-Case-Schaltvorgang verglichen, ist ein Unterschied von Faktor zwei in der Überspannung ersichtlich. Bei Nichtbeachtung des Effektes müssen die Gate-Widerstände und die resultierende Schaltgeschwindigkeit deswegen auf diesen Worst-Case-Schaltvorgang dimensioniert werden. Aufgrund dessen fallen an allen

GaN-Schaltern höhere Schaltverluste an und der Gesamtwirkungsgrad des Umrichters verschlechtert sich. Die Auswirkung dieses Effektes auf die geschaltete Ausgangsspannung ist demnach vergleichbar mit der der parasitären Kommutierungsinduktivität, lediglich die Ursache liegt in anderen Komponenten.

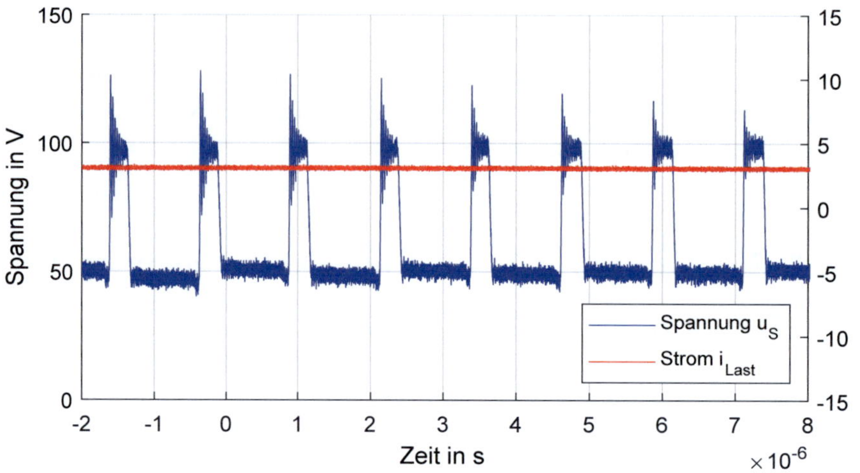

Abbildung 4.30: Gemessener parasitärer Effekt im Betrieb des Multilevel-Umrichters aus Abb. 4.19. Die dargestellte Spannung u_S ist die geschaltete Spannung vor dem EMV-Filter. Es wird lediglich ein Zeitbereich von 10 μs dargestellt, in dem jeder Schalter des Umrichters einmal schaltet. Das Überschwingen der Spannung des Worst-Case-Schaltzustandes ist mit 30 V doppelt so hoch wie für den Best-Case-Schaltzustand.

Der Effekt wurde das erste Mal bei der Verwendung einer Mainboardleiterplatte festgestellt. In den Messungen des Prototypen auf der Lochrasterplatine sind diese unterschiedlichen Spannungsüberschwinger nicht aufgetreten. Daher wird angenommen, dass der Ursprung des Effekts im Mainboard oder in angeschlossenen Komponenten in Wechselwirkung mit dem Mainboard liegt. In detaillierten Untersuchungen wurden parasitäre Kondensatoren bestimmt, welche zwischen dem kurzgeschlossenen Ausgang von S_1 und $\bar{S}_1$ den Flying-Capacitors und dem Mittelpunk auftreten. Diese können zu Resonanzstellen in dem gemessenen Frequenzbereich führen. Eine detaillierte Übersicht dieser parasitären Kondensatoren und des resultierenden Ersatzschaltbildes ist in der Abb. 4.31 dargestellt.

Zur Analyse des Effektes wurde in Abb. 4.31 vorerst das reale Ersatzschaltbild der Leiterplatte und der verwendeten Bauteile erstellt. Die unterschiedlichen Größen

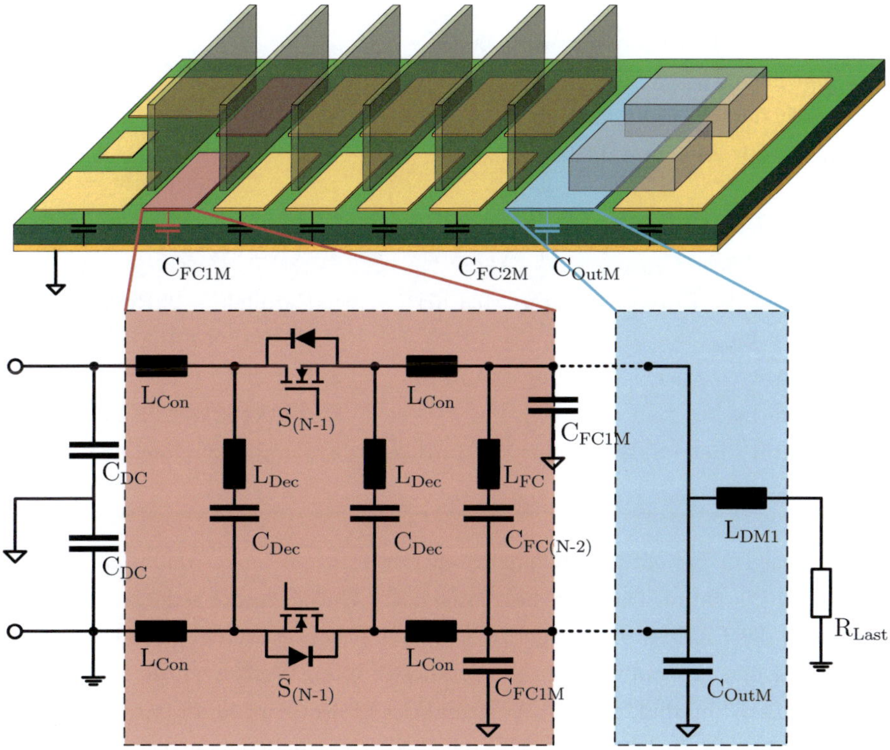

Abbildung 4.31: Prinzipielle Darstellung kritischer Kapazitäten, welche sich gegenüber dem Mittelpunktpotential ausbilden. Das zugehörige Ersatzschaltbild ist mit den wichtigsten parasitären Komponenten in der unteren Abbildung schematisch dargestellt.

wurden mit Hilfe eines Bode-100-Network-Analyzers bestimmt. Die identifizierten Werte sind in der Tab. 4.4 aufgelistet.

Tabelle 4.4: Bestimmte parasitäre Größen anhand der gemessenen Frequenzverläufe mittels des Bode-100-Network-Analyzers.

Parasitäre Komponente	Wert	Bauteilnummer
Kapazität der FC Stufe zur Mittelpunktfläche C_{FC1M}	60 pF	
Kapazität der FC Stufe nahe des Ausgangs zur Mittelpunktfläche C_{FC2M}	35 pF	
Kapazität der Ausgangsfläche zur Mittelpunktfläche C_{OutM}	250 pF	
Induktivität der Entstörungskondensatoren L_{Dec}	0,4 nH	5xParallel 2xReihe Kemet C1808C154KCRACTU
Induktivität der Flying-Capacitors L_{FC}	0,75 nH	8xParallel 2xReihe Kemet C5750X6S2W225K250KA
Induktivität der SMD-Stecker L_{Con}	4,3 nH	8xParallel Samtec TSM-104-01-S-DH-P-TR

Die gemessenen parasitären Kapazitäten der Flächen liegen maximal im Bereich einiger 100 Pikofarad. Da die Schaltflanken der GaN-Schalter jedoch sehr steil sind, muss auch der Einfluss solcher geringen Werte beachtet werden. Basierend auf dem Ersatzschaltbild in Kombination mit den bestimmten Werten wurde eine Simulation mit MATLAB/Simulink erstellt. Aufgrund der großen Anzahl an parasitären Größen mit sehr unterschiedlichen Zeitkonstanten steigt auch die Komplexität einer solchen Simulation. Demgemäß steht eine Simulation beruhend auf den physikalischen Schaltern nicht im Fokus. Wegen der sehr unterschiedlichen Zeitkonstanten der Komponenten bezogen auf die Netzfrequenz und der hochfrequenten parasitären Komponenten hat auch eine Simulation im Zeitbereich nur eine geringe Aussagekraft. Als Konsequenz wurde eine Simulation verwendet, welche sich auf die einzelnen Schaltzustände fokussiert, wobei jeder Schaltzustand mit Hilfe einer gesteuerten Spannungsquelle an der elektrischen Position des GaN-Schalters repräsentiert wird. Der Fokus der Simulation liegt auf dem frequenzabhängigen Übertragungsverhalten, um auftretende Resonanzstellen zu erkennen und bewerten zu können. Angesichts der großen Anzahl an möglichen Schaltzuständen eines Neunlevel-Umrichters wurden lediglich die wichtigsten Schaltzustände simuliert. Diese sind die Worst-Case-Schaltzustände bezogen auf die Überspannung.

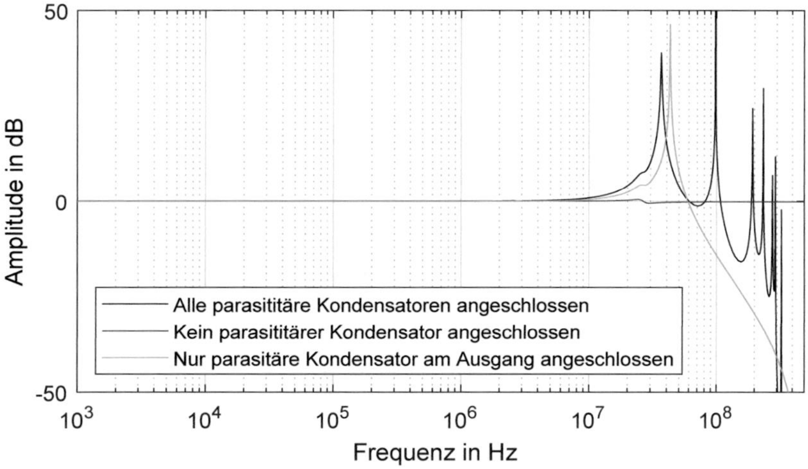

Abbildung 4.32: Ergebnisse der Simulation des Übertragungsverhaltens der geschalteten Spannung für drei unterschiedliche Konfigurationen. Die Darstellung zeigt die Dominanz des Ausgangskondensators, welcher mit den Induktivitäten zu einer Resonanzstelle im kritischen Frequenzbereich führen kann.

Die schwarze Kurve in Abb. 4.32 repräsentiert das Übertragungsverhalten des gesamten Modells mit allen ermittelten parasitären Kapazitäten gegen den Mittelpunkt. Es ist ersichtlich, dass ein Großteil der Resonanzstellen oberhalb einer Frequenz von 100 MHz liegt. Dieser Frequenzbereich kann mit den verwendeten Frequenztastköpfen nicht mehr aufgenommen werden und daher auch nicht die Ursache des gemessenen Effektes sein. Unterhalb von 100 MHz gibt es lediglich zwei Resonanzstellen. Um die Ursache der jeweiligen Resonanzstelle genauer zu untersuchen, wurden jeweils unterschiedliche parasitäre Komponenten aus der Simulation entfernt und die Ergebnisse des Übertragungsverhaltens verglichen. Aus dem grünen Graphen in der Abb. 4.32 wird ersichtlich, dass die kritischste Resonanzstelle bei 40 MHz hauptsächlich aus der Ausgangsfläche zwischen dem Schalter S_1 und $\bar{S}_1$ gegen die Mittelpunktfläche resultiert. Aufgrund der Induktivitäten (Stecker, parasitäre Inuktivitäten der Flying-Capacitors) führt diese Kapazität zu der dargestellten Resonanzstelle, welche ursächlich für die ungleichmäßigen Spannungsüberhöhungen bei unterschiedlichen Schaltzuständen ist. Die blaue Kurve zeigt das Übertragungsverhalten ohne eine parasitäre Kapazität und veranschaulicht, dass für diesen Fall keine kritische Resonanzstelle auftritt. Ein solches Übertragungsverhalten ist präferiert und wurde mit dem Prototyp drei auch experimentell getestet. Zur Validierung der Simulation wurde das gemessene Frequenzspektrum der geschalteten Ausgangsspannung genauer untersucht. Hierfür ist die FFT der Ausgangsspannung in der Abb. 4.33 dargestellt. Auch in diesem Frequenzspektrum ist eine erhöhte Amplitude im Bereich von 40 MHz erkennbar. Diese Amplitudenüberhöhung entspricht genau dem Bereich der Resonanzstelle in der Simulation und validiert demnach die theoretischen Ergebnisse.

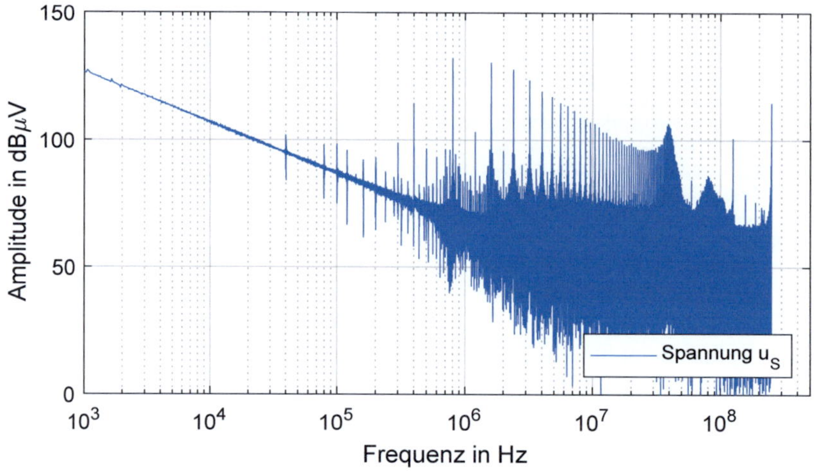

Abbildung 4.33: Gemessenes Spektrum der geschalteten Ausgangsspannung im Betrieb des einphasigen Multilevel-Umrichters. Dieses zeigt eine Amplitudenüberhöhung im Bereich von 40 MHz, welche auf den beschriebenen Effekt zurückzuführen ist.

Basierend auf diesen Erkenntnissen ist es für zukünftige Layouts wichtig, keine Kupferlage zur EMV-Schirmung unterhalb der springenden Potentiale zu verwenden. Diese Richtlinie ist besonders für die Fläche des Ausgangs der kurzgeschlossenen Schalter S_1 und $\bar{S}_1$ wichtig und muss beachtet werden, um einen Umrichter mit geringen Schaltverlusten zu ermöglichen. Eine Anpassung des Prototyps gemäß der Richtlinie wurde anhand einiger händischer Veränderungen mittels des verbesserten Prototypen in Abb. 4.22 getroffen. Um lediglich den Einfluss dieser parasitärer Flächen zu messen, wurde der gesamte Leistungsfluss des Umrichters ohne eine Verbindung zum Mainboard realisiert. Dafür wurden alle Flying-Capacitors direkt auf die Kommutierungszellen gelötet. Die Verbindung der einzelnen Kommutierungszellen erfolgte mittels Kupferplättchen, was zusätzlich die parasitäre Induktivität der Stecker eliminierte. Der kurzgeschlossene Ausgang wurde direkt von der Kommutierungszelle abgegriffen. Das EMV-Filter musste daher auf einer externen Platine realisiert werden. Alle anderweitigen Komponenten, wie die Schalter und die Gate-Vorwiderstände, die das Schaltverhalten beeinflussen können, wurden identisch zum vorherigen Aufbau ausgeführt. Die detaillierte Messung dieses Prototypen ist in der Abb. 4.34 dargestellt. Der Spannungsüberschwinger ist für alle Schaltzustände identisch. Im Vergleich zu der Referenzmessung aus Abb. 4.30 hat sich der Worst-Case-Spannungsüberschwinger demnach um den Faktor zwei auf 15 V reduziert.

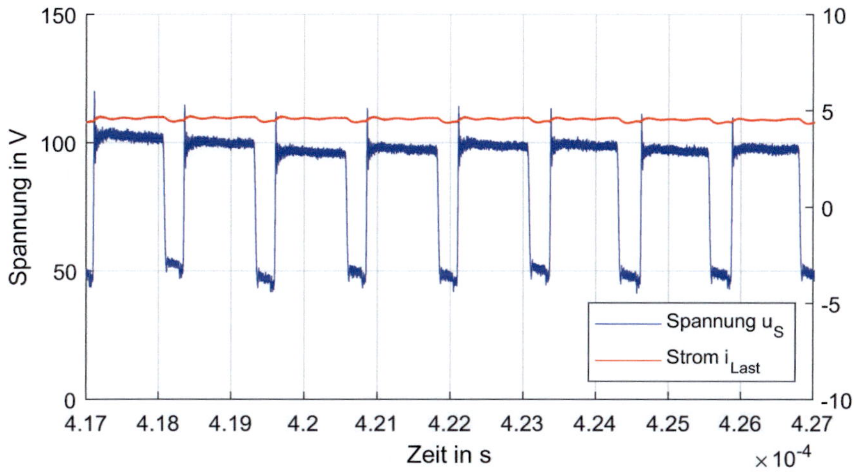

Abbildung 4.34: Gemessener parasitärer Effekt im Betrieb des verbesserten Multilevel-Umrichters aus Abb. 4.22. Die dargestellte Spannung u_S ist die geschaltete Spannung vor dem EMV-Filter. Es wird lediglich ein Zeitbereich von 10 μs dargestellt, in dem jeder Schalter des Umrichters einmal schaltet. Das Überschwingen der Spannung ist mit 15 V für alle Schaltzustände nahezu identisch.

Die Erkenntnisse aus dieser Untersuchung sind anhand der erörterten Richtlinie in das Leiterplattenlayout des Prototypen 4.24 eingeflossen. Bei diesem Prototypen konnte in der detaillierten Betrachtung trotzdem eine stark abgeschwächte Form des stufenförmigen Erhöhens der transienten Spannungsüberhöhungen erkannt werden. Diese befanden sich in einem noch höheren Frequenzbereich und hatten ihren Ursprung in nicht vollständig eliminierten parasitärer Komponenten. Angesichts der geringen Amplitude und demnach auch geringen Relevanz für die Verluste wurde dieser Effekt für den Prototypen nicht detaillierter untersucht.

4.4 Dreiphasiger Aufbau

Der finale dreiphasige Protoyp basiert auf dem einphasigen Prototypen aus der Abb. 4.24. Drei dieser einphasigen Prototypen wurden übereinander gestapelt und entsprechend verkabelt. Die Ansteuerplattform wurde analog dazu mittels FPGA-Entwicklungsboards dreifach ausgeführt. Jede Phase befand sich demnach auf einer eigenen Leiterplatte und wurde von einem separaten FPGA-Entwicklungsboard angesteuert. Der dreiphasige Prototyp besitzt ein Gesamtgewicht von 1.9 kg und erreicht ein Gesamtvolumen von etwa vier Liter.

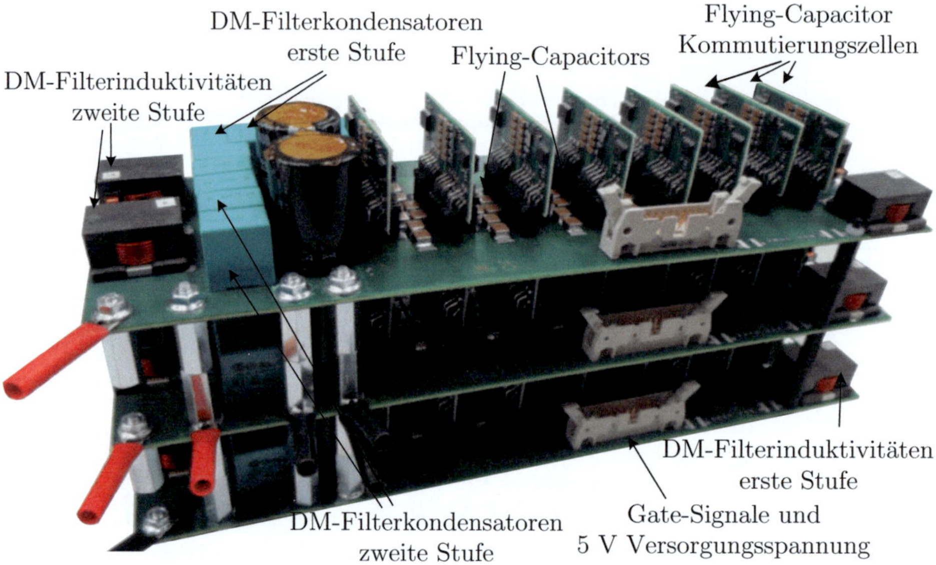

Abbildung 4.35: Aufbau des finalen dreiphasigen Prototyps, bestehend aus drei gestapelten einphasigen Prototypen. Das EMV-Filter wurde angepasst, indem es lediglich DM-Kondensatoren gibt, welche geringfügig größer dimensioniert werden, um auch die CM-Störungen zu dämpfen. Die Anzahl an Komponenten verändert sich dadurch im Vergleich zum theoretischen Entwurf nicht.

Im Gegensatz zu dem einphasigen Prototypen aus Abb. 4.24 wurden zusätzlich 4,7 nF Filterkondensatoren parallel zu den DM-Kondensatoren verschalten. Der Grund für den Einsatz dieser Kondensatoren wird im Abschnitt 4.4.3 erläutert. Zudem wurden die drei parallel verschalteten Eisenpulverdrosseln durch zwei parallel verschaltete Ferritdrosseln ersetzt, um im hochfrequenten Bereich geringere Ummagnetisierungsverluste zu generieren. In der Messung aus Abb. 4.36 kann erkannt werden, dass die gefilterten Spannungen und Ströme dieses Prototyps sinusförmig sind.

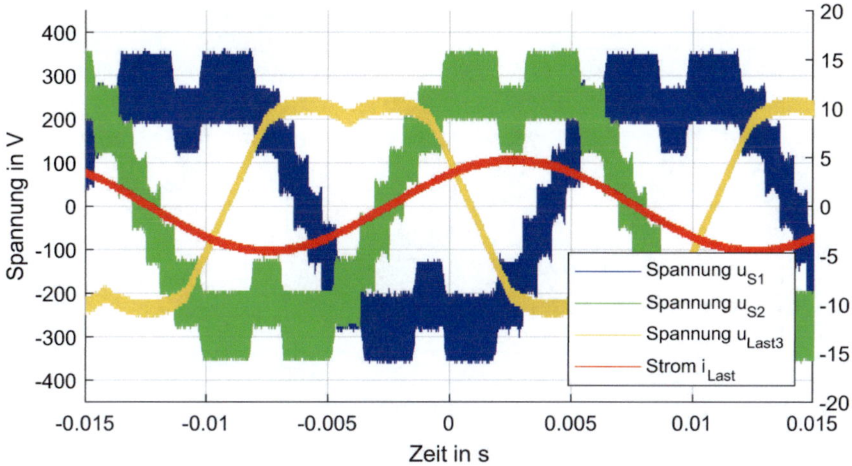

Abbildung 4.36: Ausgangskurven des finalen dreiphasigen Prototyps bei einem Aussteuergrad von 80 % und einer Zwischenkreisspannung von 600 V.

Dreiphasig wurden auch erste Tests mit einem geschlossenen Regelkreis für die Regelung des Phasenstroms und der Zwischenkreisspannung erstellt. Hierfür wurde die Zwischenkreisspannung reduziert. Diese Tests werden im Abschnitt 4.4.4 genauer beschrieben. In den Untersuchungen des nachfolgenden Abschnitts 4.4.1 war bereits die Zweilevel-Stromregelung implementiert, welche mit einer Frequenz von 40 kHz arbeitete. Mit dieser wurden unterschiedliche Versuche zur maximal übertragbaren Leistung mit passiver und mit aktiver Kühlung durchgeführt.

4.4.1 Gesteuerter Betrieb

Die dreiphasig maximal übertragbare Leistung wurde analog zu den einphasigen Tests mit einem Leistungsfluss von der DC-Seite zur AC-Seite getestet. Die Zwischenkreisspannung wurde durch eine Hochspannungs-DC-Quelle realisiert und AC-seitig befand sich ein dreiphasiger Widerstand am Ausgang des Umrichters. Die maximal übertragbare Leistung ohne Verwendung eines Kühlkörpers und eines Lüfters betrug etwa 7 kW. Der Prototyp wurde bei dieser Messung auf einer Höhe von ungefähr 10 cm über dem Labortisch platziert und im Vergleich zu der Abb. 4.35 um 90° horizontal rotiert. Diese Maßnahmen waren notwendig, da die Schalter auf den Kommutierungszellen am meisten Wärme generieren und ansonsten kein Luftstrom durch diese ermöglicht wird.

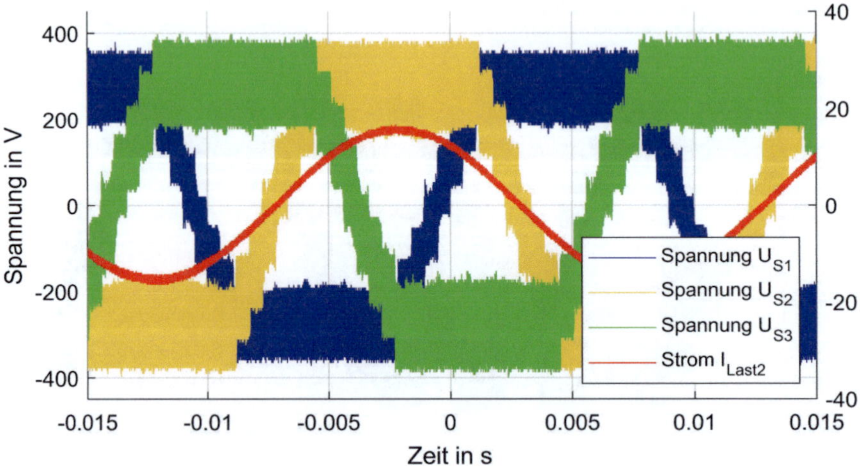

Abbildung 4.37: Messung der geschalteten Spannungen und des Laststroms bei etwas mehr als 7 kW Leistung an einem passiven Lastwiderstand bei einem Aussteuergrad >80 %.

Um eine größere Leistung zu testen, mussten die nachfolgenden Anpassungen getätigt werden. Zum einen wurde ein Lüfter verwendet, um einen erhöhten Luftstrom durch die Kommutierungszellen zu generieren. Zum anderen wurde der passive Lastwiderstand ersetzt, da dieser eine Maximalleistung von 7,5 kW und einen geringen Maximalstrom besitzt. In Zweilevel-Umrichtern werden solche Betriebspunkte üblicherweise mit einer 50 Hz-Netzdrossel getestet. Eine solche Netzdrossel besitzt typischerweise eine sehr hohe Induktivität, die oftmals bis in den Millihenry-Bereich geht und für sehr hohe Ströme ausgelegt ist. Die dreiphasige Netzdrossel wird eingangsseitig an die einzelnen Phasen des Umrichterausgangs angeschlossen und die Ausgangsseite wird zu einem Sternpunkt zusammengeschlossen. Zum Testen wird die Zwischenkreisspannung des Umrichters wie im vorherigen Test mit einer DC-Spannungsquelle auf dem Niveau der Nennspannung gestützt. Der Umrichter wird anschließend mit einem sehr geringen Aussteuergrad betrieben, wodurch sich der 50 Hz-Strom durch die Drossel einstellen lässt. Aufgrund der vollen Zwischenkreisspannung und des hohen Stromflusses erzeugt der Umrichter die gleichen Verluste, wie er bei einer ohmschen passiven Last mit dem gleichen Stromfluss erzeugen würde. Vorteilhaft bei einem solchen Test ist, dass näherungsweise lediglich die Verluste des Umrichters und der Drosseln mit der DC-Spannungsquelle eingespeist werden müssen. Aus diesem Grund wurde auch der beschriebene Multilevel-Umrichter mit einem solchen Messaufbau getestet. Die zugehörige Messung ist in der Abb. 4.38 zu sehen.

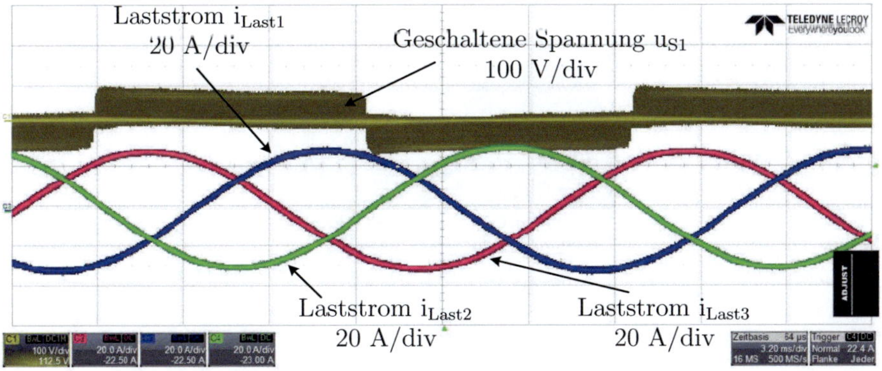

Abbildung 4.38: Ausgangskurven des finalen dreiphasigen Prototyps bei einem Nennstrom von 23 A pro Phase und einer Zwischenkreisspannung von 600 V. Dies entspricht den Verlusten einer übertragbaren Leistung von 16 kW. Diese Messung wurde ohne Kühlkörper, jedoch mit einem kleinen Lüfter durchgeführt, um einen konstanten Luftstrom durch die Kommutierungszellen zu gewährleisten.

Infolge des sehr geringen Aussteuergrades ist lediglich die unterste Spannungsstufe erkennbar, obwohl die Zwischenkreisspannung bei 600 V liegt. Es wurden allerdings alle Flying-Capacitor-Kondensatoren abwechselnd beschaltet, wodurch diese weiterhin aufgrund des Natural-Balancing-Effektes symmetrisch bleiben. In der Abb. 4.38 ist die Messung mit maximaler Leistung dargestellt. Es wurde bei einer Zwischenkreisspannung von 600 V ein Maximalstrom von 23 A pro Phase erzielt. Dies entspricht den Verlusten bei einer übertragbaren Leistung von 16 kW. Bei dieser Leistung ist der Multilevel-Umrichter mit einer gemessenen Maximaltemperatur von 100 °C nahe am thermischen Limit, sodass auf eine weitere Erhöhung des Stromes verzichtet wurde. Sollte darüber hinaus die Ermittlung des elektrischen Limits von Interesse sein, so müsste eine Anpassung des Kühlkonzeptes und des Labormessplatzes erfolgen.

4.4.2 Wirkungsgrad-Messung und Betrachtung der Verlustaufteilung

Die berechnete Verlustaufteilung für den Arbeitspunkt von 16 kW ist in Abb. 4.39 dargestellt. Die Gesamtverluste dieser Berechnung wurden mit dem Yokogawa Präzisions-Leistungsanalysator WT5000 verifiziert.

Der Großteil der Verluste hat seinen Ursprung in den Durchlassverlusten der Schalter, was auf den hohen Stromfluss zurückzuführen ist. Ursächlich für die hohen Verluste ist

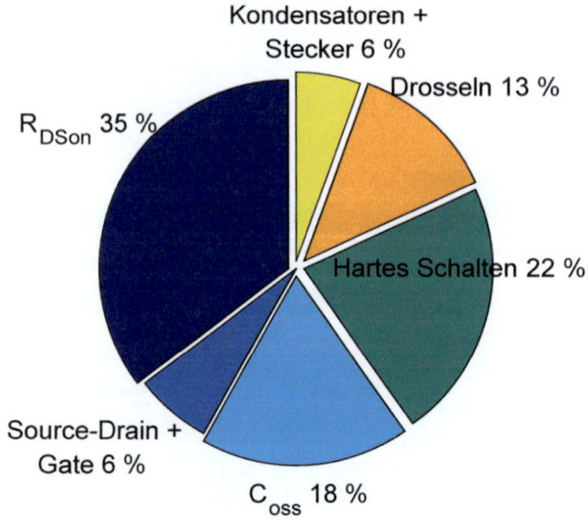

Abbildung 4.39: Berechnete Verlustaufteilung des finalen dreiphasigen Prototyps bei einer entsprechenden Leistung von 16 kW gemäß der Messung in Abb. 4.38. Bei dieser Leistung dominieren die R_{DSon} Verluste aufgrund der hohen Temperatur.

insbesondere der temperaturabhängige R_{DSon}, welcher bei 100 °C für die verwendeten Schalter um einen Faktor 1,5 größer ist als bei Raumtemperatur. Wird die Kühlung verbessert und die resultierende Temperatur der Schalter verkleinert, so verringern sich folglich auch die Verluste für den hohen Leistungsbereich. Den zweitgrößten Anteil machen die Verluste aus, die infolge des harten Schaltens entstehen. Für den dargestellten Test wurden externe Einschaltwiderstände mit 10 Ω verwendet. Diese verlangsamen die Kommutierung und generieren aufgrund des hohen Stroms und der hohen Spannung einen signifikanten Anteil der Verluste. Messungen ergaben, dass die externen Einschaltwiderstände in einem finalen Stand auf 6 Ω reduziert werden könnten. Dies würde die Verluste wegen des harten Schaltens geringfügig mindern, jedoch wurde vorerst aufgrund einer erhöhten Sicherheit in Bezug auf Überspannungen darauf verzichtet. Angesichts der industriellen Anforderungen an Luft- und Kriechstrecken ist es diffizil, die Kommutierungszelle noch niederinduktiver auszuführen. Eine große Verbesserung dieser Verluste ist daher mit einem anderen Layout nicht zu erwarten und prinzipiell nur über resonantes Schalten realisierbar. Die auf der Ausgangskapazität basierenden Schaltverluste und die Verluste der Drosseln teilen sich für den betrachteten Arbeitspunkt von 16 kW nahezu identisch auf, wobei sich dieses Verhältnis im Teillastbetrieb ändert. Die Verluste der Drosseln wurden anhand von Messungen mit dem Leistungsanalysator und dem Bode-100-Network-Analyzer abgeschätzt. Die Verluste während der Source-Drain-Rückwärtsleitfähigkeit und des

Schaltvorgangs zu und von diesem Zustand wurden mit den Verlusten, die infolge der Gate-Ladung entstehen, zusammengefasst. Zusammen fallen sie mit etwa 6 % geringfügig ins Gewicht. Die Verluste der Stecker und der Kondensatoren wurden mittels der Datenblattangaben und Messungen mit dem Bode-100-Network-Analyzer identifiziert. Sie spielen jedoch nur eine untergeordnete Rolle. An dieser Stelle sei zudem erwähnt, dass die DC-Spannungsquelle impulsartige Ströme in Richtung des Multilevel-Umrichters generierte. Zur Reduktion dieses Effektes wurde ein geringer Widerstand zwischen der Spannungsquelle und dem Umrichter eingefügt und eine externe Messerfassung der Spannung durchgeführt. Dieser Rippelstrom wurde dadurch nicht vollständig eliminiert, da die interne Regelung der Spannungsquelle keinen beliebig großen Widerstand zwischen der Messung und dem Ausgang der Spannungsquelle zuließ. Es ist möglich, dass der restliche Rippelstrom zu zusätzlichen Verlusten an den Elektrolyt-Zwischenkreiskondensatoren führte. Umrichter für industrielle Anwendungen werden oftmals nur in Teillast betrieben. Aus diesem Grund wurden noch weitere Lastpunkte messtechnisch ermittelt und auch der Wirkungsgrad mit der zugehörigen Verlustaufteilung für den gesamten Arbeitsbereich berechnet. Diese verifizierten Ergebnisse für den gesamten Arbeitsbereich sind in der Abb. 4.40 dargestellt.

In der Berechnung dieser Darstellung wurde angenommen, dass sich die Temperatur ab einem Startwert von 25 °C für 0 kW erhöht. Der Anstieg erfolgt linear bis zu einem Wert von 100 °C für 16 kW. Die damit verbundene Erhöhung des R_{DSon} ist maßgeblich für das Absinken des Wirkungsgrades im hohen Leistungsbereich verantwortlich. Betrachtet man den Gesamtwirkungsgrad, dann beträgt dieser in der Spitze nahezu 99,1 %. Besonders vorteilhaft für industrielle Anwendungen ist der hohe Wirkungsgrad im Teillastbereich. Auch bei 2 kW Leistung erzielt der Umrichter noch einen Wirkungsgrad von nahezu 98 %. Die Ursache hierfür ist anhand der Verlustaufteilung ersichtlich. Im Teillastbereich dominieren die Schaltverluste aufgrund der Ausgangskapazität C_{Oss}. Diese machen bei 5 kW bereits 50 % der Gesamtverluste aus. Bei GaN-Schaltern sind diese Verluste allerdings noch extrem niedrig. Betrachtet man die Aufteilung für Si- oder auch SiC-Umrichter in diesem Teillastbereich, dann sind die absoluten und relativen Verluste noch wesentlich größer. In Abb. 4.41 ist dieser Vergleich zwischen dem gemessenen Wirkungsgrad und den im Datenblatt angegebenen Wirkungsgrad eines Zweilevel-Standard-Si-Umrichters dargestellt. Besonders im Teillastbereich ist der große Vorteil von der GaN-Technologie erkennbar. Wie bereits beschrieben, dominieren die Verluste aufgrund des R_{DSon} im Bereich hoher Leistung. Im Vergleich zu dem Standard-Umrichter ist mit dem Neunlevel-GaN-Umrichter allerdings auch in diesem Bereich ein wesentlich höherer Wirkungsgrad erreichbar.

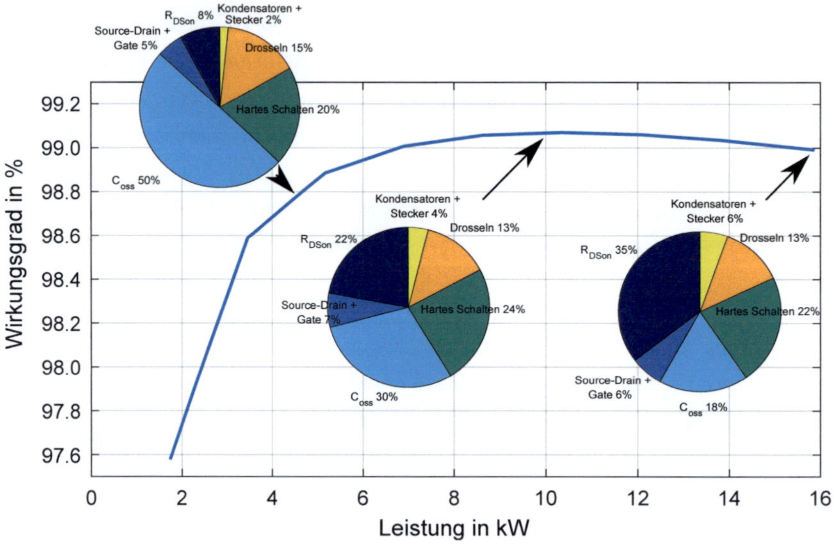

Abbildung 4.40: Berechneter Wirkungsgrad und berechnete Verlustaufteilung des finalen dreiphasigen Prototyps aus Abb. 4.35 für den gesamten Arbeitsbereich. Die Berechnung wurde mit dem Yokogawa Präzisions-Leistungsanalysator WT5000 für drei unterschiedliche Arbeitspunkte im Hinblick auf die Gesamtverluste überprüft.

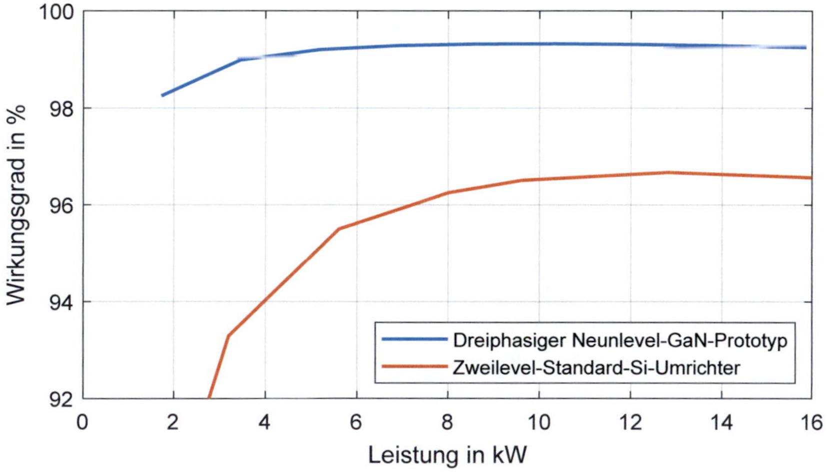

Abbildung 4.41: Vergleich zwischen dem messtechnisch verifizierten Wirkungsgrad aus Abb. 4.40 und dem im Datenblatt angegebenen Wirkungsgrad eines Zweilevel-Standard-Si-Umrichters. Beide Wirkungsgrade berücksichtigen auch die Verluste der benötigten Filterkomponenten.

Es ist auffällig, dass der Wirkungsgrad des Multilevel-GaN-Umrichters verglichen mit dem Standard-Si-Umrichter über den gesamten Arbeitsbereich sehr stabil bleibt. Ein solcher Wirkungsgradverlauf ist beispielsweise für eine Traktionsanwendung sehr von Vorteil. Typischerweise wird in einer solchen Anwendung nur während der kurzen Beschleunigungszeit die Maximalleistung bezogen. Während des Fahrens mit konstanter Geschwindigkeit sinkt die Leistungsaufnahme auf einen Bruchteil ab. Abhängig von den Verfahrzyklen befindet sich der Umrichter folglich die meiste Zeit im Teillastbereich und gerade in diesem Bereich ist der Unterschied zwischen dem GaN-Multilevel-Umrichter und dem Standard-Umrichter am größten.

4.4.3 EMV-Messung und Untersuchung der parasitären Komponenten

In diesem Abschnitt wird die theoretische Berechnung aus dem Kapitel 2 mit den Messungen am dreiphasigen Umrichter verglichen. Von besonderem Interesse sind dabei die parasitären Größen des EMV-Filters. Diese sind insbesondere wichtig, da zum einen die Ausgangsschaltfrequenz mit 800 kHz sehr hoch ist. Zum anderen entstehen durch die steilen Schaltflanken der GaN-Schalter dementsprechend hochfrequente (oftmals im Bereich von 10...30 MHz) Störbereiche im Amplitudenspektrum der Spannung. Bei einer Filterung dieser Frequenzen haben parasitäre Komponenten, die sich im hohen Nano-Bereich befinden, bereits erhebliche Einflüsse auf die Wirkung des Filters. Es gibt nur wenige aktuelle Veröffentlichungen, die sich mit dem EMV-Filter für WBG Umrichter beschäftigen. Die meisten derzeitigen Publikationen in diesem Bereich befassen sich nur mit der genauen Analyse der aufgrund von Schaltüberspannung resultierenden Störpegel von SiC- oder GaN-Schaltern [62]. Es wird daher versucht, diese Überspannung beim Schalten zu reduzieren, indem entweder größere Gate-Widerstände, niederinduktivere Kommutierungskreise oder Snubber-Netzwerke verwendet werden ([63], [64] und [65]). Da solche Anpassungen oftmals negative Auswirkungen auf die Schaltverluste und somit auch die Effizienz des Umrichters haben, wird in diesem Abschnitt die Dämpfungseigenschaft des Filters im Hochfrequenzbereich genauer untersucht.

Tabelle 4.5: Bauteile des zweistufigen EMV-Filters

Parasitäre Komponente	Wert	Bauteilnummer
Drossel DM-EMV-Filter L_{DM1},L_{DM2}(2xparallel), I_{Sat}	5 μH,64 A	TT Electronics HA65A-251510RLF
Kondensator DM-EMV-Filter C_{DM1},C_{DM2}(2xparallel),U_N	2 μF,310 Vac	KEMET F861BZ105M310C
Kondensator CM-EMV-Filter C_{CM1},C_{CM2}(9xparallel),U_N	9 μF,310 Vac	KEMET F861BZ105M310C

Das EMV-Filter wurde mit den aufgelisteten Komponenten in Tab. 4.5 realisiert. Die Messung des Ausgangsspektrums in Abb. 4.42 resultierte, als das EMV-Filter ohne Beachtung der parasitären Komponenten angeschlossen wurde. Der dreiphasige Flying-Capacitor-Umrichter wurde bei dieser Messung bei einer reduzierten Zwischenkreisspannung von 50 V betrieben und lediglich die gefilterte Ausgangsspannung einer Phase wurde gemessen. Bereits bei diesem Betriebspunkt werden die Grenzwerte der EMV-Kategorie C2 Norm für die Schaltfrequenz und die harmonischen vielfachen Komponenten dieser überschritten.

Beim Vergleich dieser Messung zur theoretischen Auslegung des Filters ist ein großer Unterschied ersichtlich. Um die Differenz erklären zu können, wird das Ersatzschaltbild angepasst und die parasitären Komponenten des Filters werden genauer betrachtet. Diese wurden mit einem Bode-100-Network-Analyzer vermessen und im Nachgang ausgewertet. Besonders auffällig ist dabei die Induktivität L_{Par}, welche zwischen dem

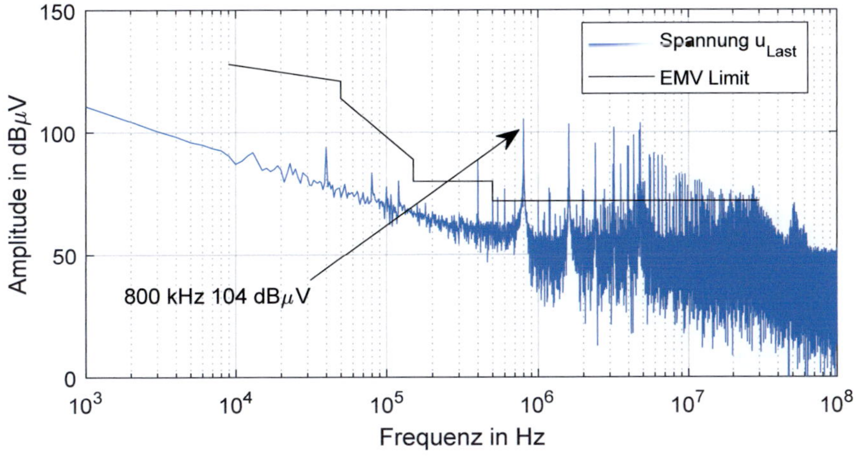

Abbildung 4.42: Gemessenes Amplitudenspektrum der Ausgangsspannung des ersten dreiphasigen Prototyps mit einem externen EMV-Filter bei etwa 50 V Zwischenkreisspannung. Der Prototyp ähnelte dem aus Abb. 4.44, hatte allerdings eine Laborleitung mit etwa 30 cm zwischen dem Ausgang der CM-Kondensatoren und dem Mittelpunktanschluss des Prototyps.

Mittelpunktpotential des Umrichters und dem Ausgang der CM-Filterkondensatoren liegt. Die parasitäre Induktivität L_{Par} ist im CM-Ersatzschaltbild in der Abb. 4.43 an dieser Position mit einer Zahl eins markiert. Zusätzlich ist anzumerken, dass der Mittelpunkt eines industriellen Umrichters normalerweise nicht an GND angeschlossen ist und sich über Kühlkörper und andere Komponenten eine parasitäre Kapazität zwischen Mittelpunkt und GND bildet. Diese parasitäre Kapazität und deren Einfluss auf das Ausgangsspektrum ist bekannt [66] und wird deshalb nicht genauer untersucht. Um eine verlässliche Messung zu ermöglichen, welche nicht von der genannten Kapazität beeinflusst wird, wurde der Mittelpunkt des Prototypen für die Messungen in Abb. 4.42 und 4.45 mit dem GND-Potential verbunden.

In der ersten Messung der gefilterten Ausgangsspannung in Abb. 4.42 war das EMV-Filter extern. Die Verbindung zwischen dem Umrichter und dem Filter wurde mittels eines Kabels mit einer Länge von etwa 30 cm realisiert. Dieser Aufbau war von den verwendeten Bauteilen identisch zu dem dargestellten Aufbau in Abb. 4.44 mit lediglich dem Unterschied, dass an der Position eins in der Abb. 4.44 ein längeres Verbindungskabel von etwa 30 cm verwendet wurde.

Die bestimmte parasitäre Induktivität L_{Par} des Kabels lag ungefähr bei 0.1 μH. Auf-

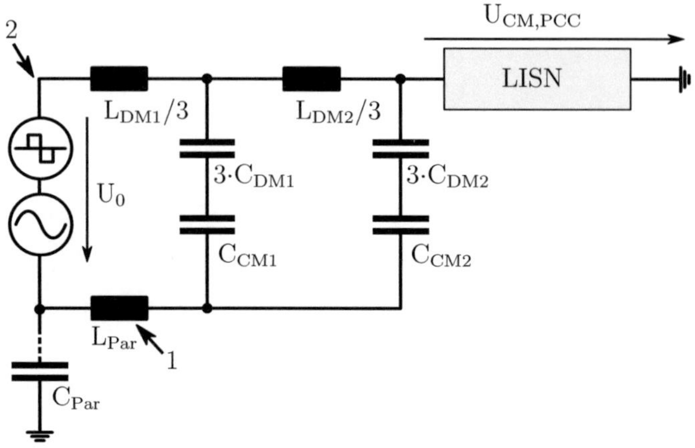

Abbildung 4.43: Theoretisches CM-Ersatzschaltbild, welches um die kritische parasitäre Induktivität L_{Par} erweitert wurde.

grund des Kabels wurde an Position eins des CM-Ersatzschaltbildes aus Abb. 4.43 die identifizierte Induktivität L_{Par} eingebracht, welche zu der abgeschwächten Filterwirkung führte. Wird diese parasitäre Induktivität reduziert, ist es möglich die Filterdämpfung und das resultierende Spektrum der Ausgangsspannung enorm zu verbessern. Dafür muss die Kabelinduktivität soweit wie möglich in den Pfad von $L_{DM1}/3$ und $L_{DM2}/3$ transferiert werden (Position zwei Abb. 4.43). Dies kann über die folgenden beiden Design-Richtlinien implementiert werden:

- Anbindung der CM- und DM-Kondensatoren so nah wie möglich am Mittelpunkt
- Leistungsfluss-Routing direkt durch die Eingangsseite der DM-Kondensatoren.

Der Einfluss auf das theoretische Ersatzschaltbild kann anhand der Abb. 4.43 beschrieben werden. Durch die Realisierung mittels einer kurzen und breiten Verbindung zwischen dem Mittelpunkt und den CM- und DM-Kondensatoren verringert sich die parasitäre Induktivität an der ersten Position in Abb. 4.43 signifikant. Daraufhin wird die Strecke des Leistungspfades verlängert, was eine kleine parasitäre Induktivität an der zweiten Position in Abb. 4.43 implementiert. Diese Induktivität reduziert die Filterwirkung nicht, sondern führt sogar zu einer leichten Erhöhung. Messtechnisch wurde das Verhalten auch mittels des angepassten Prototypen in Abb. 4.44 verifiziert. Dieser Prototyp wurde gemäß den aufgestellten Richtlinien realisiert. Ohne eine Anpassung der verwendeten Komponenten wurde gemäß Abb. 4.45 eine Reduktion von

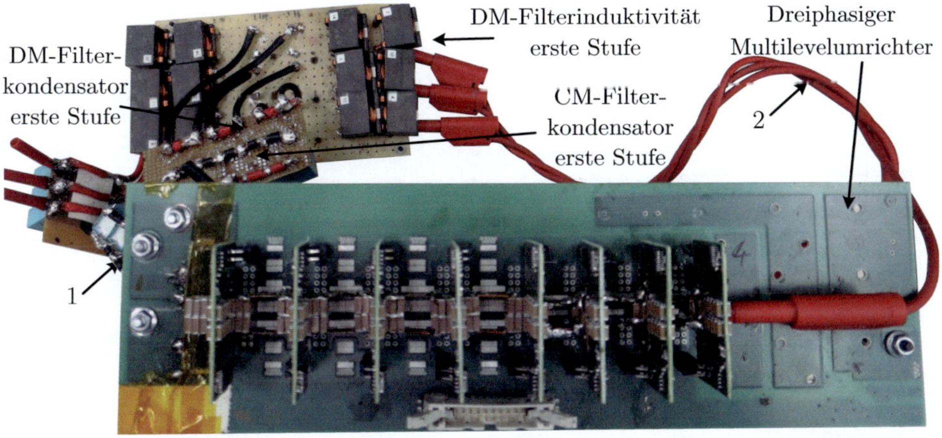

Abbildung 4.44: Versuchsaufbau des dreiphasigen Prototyps mit einem externen EMV-Filter. Die Verbindung zwischen dem Ausgang der CM-Kondensatoren und dem Mittelpunktanschluss des Prototyps wurden möglichst niederinduktiv ausgeführt. Durch diese Maßnahme wurde die kritische parasitäre Induktivität L_{Par} weitestgehend vermieden.

31 dB bei der Schaltfrequenz von 800 kHz erzielt. Diese Verbesserung war möglich, indem der Großteil der parasitären Induktivität L_{Par} lediglich an einer anderen elektrischen Stelle platziert wurde. Bei 5 MHz gab es trotzdem noch Störungen, welche die EMV-Grenzlinie überschreiten. Diese resultierten vermutlich aufgrund der Verbindung mittels Kabel und der internen Induktivität der EMV-Kondensatoren, was weiterhin eine geringe parasitäre Induktivität L_{Par} implementierte.

Die Messergebnisse wurden mit einer MATLAB-Simulation validiert. Diese Simulation ist gemäß dem theoretischen Ersatzschaltbild in Abb. 4.43 mit den identifizierten parasitären Komponenten aufgebaut. Die Ergebnisse dieser Simulation sind in der Abb. 4.46 dargestellt. Die blaue Kurve wurde mit einer parasitären Induktivität von 0.1 μH simuliert, was dem identifizierten Wert des Kabels in Messung 4.42 entspricht. Die orange Kurve wurde mit einer parasitären Induktivität von 2.5 nH simuliert. Dieser Wert entspricht dem angenommenen Wert für die verbleibende parasitäre Induktivität des verbesserten Prototyps. Die Ergebnisse der Simulation validieren die Messungen beider Prototypen. In den Hardwaretests und in der Simulation ist eine Verbesserung der Dämpfung von ungefähr 30 dB für höhere Frequenzen erkennbar. Die Simulation zeigt die Relevanz dieser parasitären Induktivität für hochfrequente EMV-Filter sehr deutlich. Der Effekt tritt auch auf, wenn sich zusätzlich eine parasitäre Kapazität zwischen dem Mittelpunkt des Umrichters und GND befindet, was bei Standard

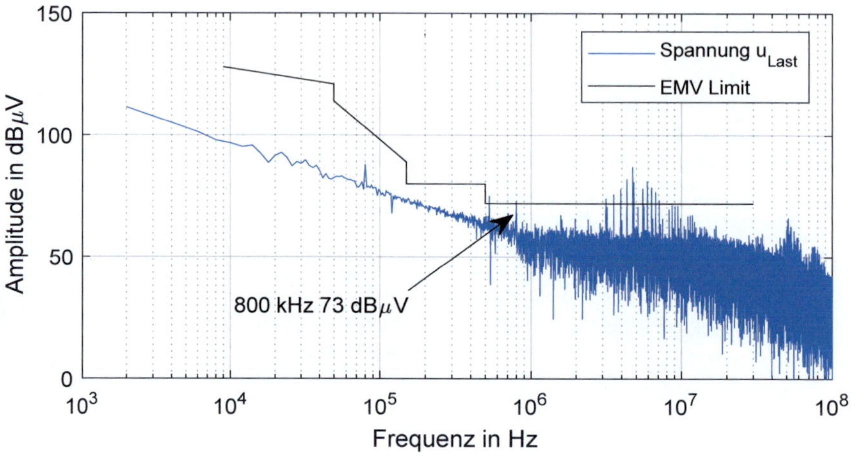

Abbildung 4.45: Gemessenes Amplitudenspektrum der Ausgangsspannung des verbesserten Prototypen mit externem EMV-Filter aus Abb. 4.44. Die Messung erfolgte bei einer reduzierten Zwischenkreisspannung von 50 V. Im Vergleich zu der Referenzmessung aus Abb. 4.42 ist eine Verbesserung von 30 dB erkennbar. Das theoretisch zu erwartende Ergebnis wurde aufgrund des externen Filters und den damit verbundenen verbleibenden parasitären Komponenten jedoch noch nicht erreicht.

Industrieumrichtern der Fall ist (Kondensator C_{Par} mit gestrichelter Linie in Abb. 4.43). Das Ergebnis der erweiterten Simulation mit einer Kapazität C_{Par} von 10 nF ist mit der gestrichelten Kurve in Abb. 4.46 zu sehen. Der einzige Unterschied zu der vorherigen Simulation liegt im niedrigen Frequenzbereich unterhalb von 150 kHz. In diesem Bereich resultiert eine erhöhte Dämpfung bei der Anbindung eines Kondensators. Da der Multilevel-Umrichter mit 800 kHz taktet, gibt es in diesem Frequenzbereich nahezu keine Störung, weshalb auf eine detaillierte Betrachtung verzichtet wird. Insoweit sind die Annahmen ohne die parasitäre Kapazität C_{Par} für den betrachteten Umrichter und Frequenzbereich richtig.

Die Erkenntnisse aus den Messungen und der Simulation sind in das finale Design des dreiphasigen Prototypen eingeflossen. Die Filterkondensatoren sind so nah wie möglich am DC-Zwischenkreis platziert, um die parasitäre Induktivität der stromführenden Pfade des EMV-Filters weitestgehend zu vermeiden. Zudem wird der Leistungsfluss direkt durch die Eingangsseite der EMV-Kondensatoren geführt. Für hochfrequente Störungen wurden EMV-Kondensatoren mit 4,7 nF parallel zu den

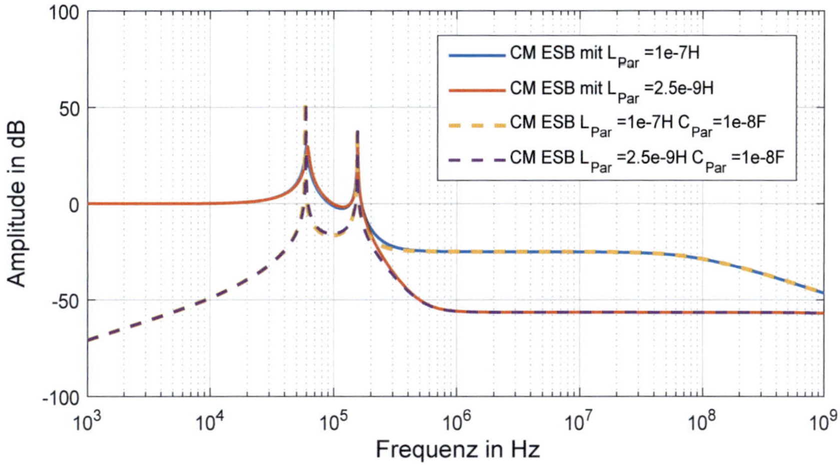

Abbildung 4.46: Simulierte Übertragungsfunktion des EMV-Filters in Matlab/Simulink für unterschiedliche Werte der parasitären Komponenten, basierend auf dem theoretischen CM-Ersatzschaltbild.

1 μF EMV-Filterkondensatoren verschaltet. Diese ermöglichen im höheren Megahertzbereich einen niederinduktiven Pfad, um auch die Störungen, welche von den steilen Schaltflanken resultieren, geeignet zu dämpfen. Zur Reduktion der internen parasitären Induktivität der EMV-Kondensatoren wurden die separaten 9 μF CM-Kondensatoren entfernt, welche in Abb. 4.43 in Reihe zu den DM-Kondensatoren verschalten sind. Um weiterhin genügend CM-Dämpfung zu erzielen, wurden beide Stufen der DM-Kondensatoren jeweils um Kondensatoren mit einer resultierenden Kapazität von 3 μF erweitert. Mit dieser Veränderung wurde die Reihenschaltung der beiden Kondensatorstufen umgangen. Dies führte auch zu einer Vermeidung der Addition der jeweils resultierenden parasitären Induktivitäten der Filterkondensatoren. Aufgrund der Erweiterung der DM-Filterkondensatoren dämpfen diese gemäß des CM-Ersatzschaltbildes die DM- und die CM-Störungen. Diese Anpassung erfolgte, ohne die Anzahl der Komponenten im Gegensatz zum ursprünglich angestrebten Ersatzschaltbild aus Abb. 4.43 zu vergrößern. Die restlichen Komponenten dieses Prototyps sind identisch zu den Komponenten aus der Tab. 4.5. Die Messungen an diesem Prototypen wurden erstmalig an einer LISN bei einer Zwischenkreisspannung von 600 V aufgenommen. Der zugehörige Versuchsaufbau lässt sich der Abb. 4.47 entnehmen. Lediglich die 24 V Versorgungsspannung, welche für die Stromregelung des Umrichters benötigt wird, ist nicht mit abgebildet. Die Spannung des Zwischenkreises

wurde über eine Spannungsquelle auf einen Wert von 600 V geladen.

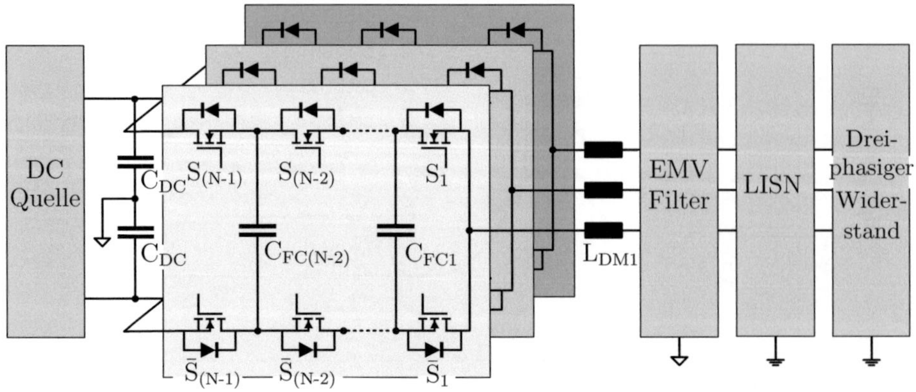

Abbildung 4.47: Versuchsaufbau der EMV-Messung des dreiphasigen verbesserten Prototyps mit der Verwendung einer LISN zur Messung der EMV-Störungen.

An der LISN befindet sich eine BNC-Buchse, welche die Messung mit einem Oszilloskop ermöglicht. Mit dem Oszilloskop ist es im Gegensatz zu einem EMV-Messgerät lediglich möglich, die Spitzenwerte des EMV-Spektrums zu erfassen. In den dargestellten Ergebnissen der Abb. 4.48 sind zwei Frequenzen deutlich erkennbar: Bei 40 kHz gibt es eine Überhöhung, welche auf die Rechenfrequenz der Stromregelung mit einer Frequenz von 40 kHz zurückzuführen ist. Diese ist weit unterhalb der Grenzwerte und demnach nicht kritisch. Bei der resultierenden Schaltfrequenz von 800 kHz wird der EMV-Grenzwert um zwei Dezibel überschritten. Diese reduzierte Filterwirkung basiert auf der verbleibenden resultierenden parasitären internen Induktivität von 1.77 nH. Die sich ergebende parasitäre Induktivität der EMV-Kondensatoren wurde anhand einer Messung mit dem Bode-100-Network-Analyzer bestimmt. Jeder der verwendeten 1 μF EMV-Kondensatoren weist intern bereits eine Induktivität von 8,8 nH auf. Bei 800 kHz genügt diese minimale Induktivität, um die Filterwirkung zu reduzieren. Die Wirkung des EMV-Filters kann folgerichtig verbessert werden, indem Filterkondensatoren mit einer geringeren internen parasitären Induktivität benutzt werden. Dies sind zum Beispiel Kondensatoren mit einer geringeren Nennkapazität. Als eine weitere Möglichkeit ist die Verschaltung von einem oder zwei weiteren Kondensatoren parallel möglich, was auch eine geringfügige Reduktion der parasitären Induktivität zur Folge hat. Bei Frequenzen oberhalb der 800 kHz gibt es keine markante Störung, welche kritisch im Bezug auf die Grenzwerte werden kann. Der Großteil des gemessenen Spektrums in diesem Bereich konnte bereits bestimmt werden, als der Umrichter ausgeschaltet war und sich lediglich die 24 V Spannungsversorgung im eingeschalteten Zustand befand. In der Abb. 4.49 ist die Referenzmessung an der LISN mit und ohne der eingeschalteten 24 V Spannungsversorgung dargestellt. Für Frequenzen oberhalb einiger Megahertz führt die Leiterplatte mit einer geringen parasitären Induktivität in Kombination mit den 4,7 nF Filterkondensatoren zu einer sehr effektiven Filterwirkung. Diese EMV-Messungen zeigen zum einen die Relevanz der parasitären Induktivität L_{Par} für das EMV-Filter von hochfrequent schaltenden Umrichtern. Zum anderen bestätigt die Messung, dass hochfrequent schaltende Flying-Capacitor-GaN-Umrichter mit minimalen EMV-Filtern auskommen. Die elektrischen Werte der Filterkomponenten und das resultierende Volumen können deutlich reduziert werden, während die EMV-Grenzwerte für Industrieumrichter nahezu vollständig eingehalten werden.

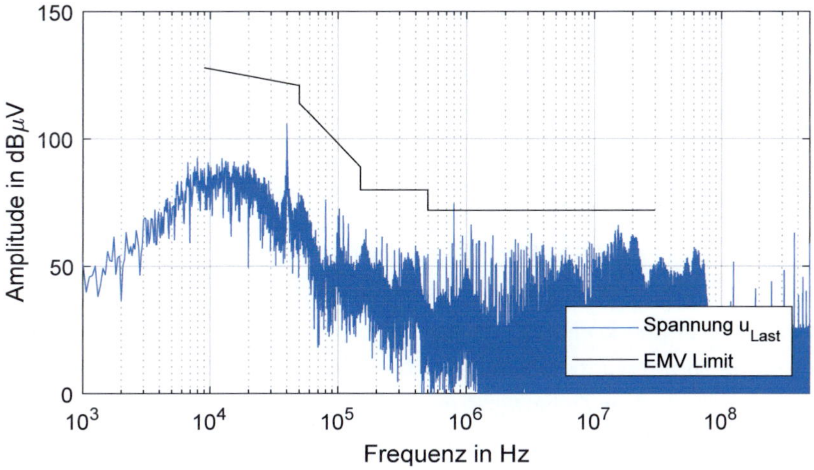

Abbildung 4.48: EMV-Messung des dreiphasigen verbesserten Prototyps an der LISN bei 600 V Zwischenkreisspannung.

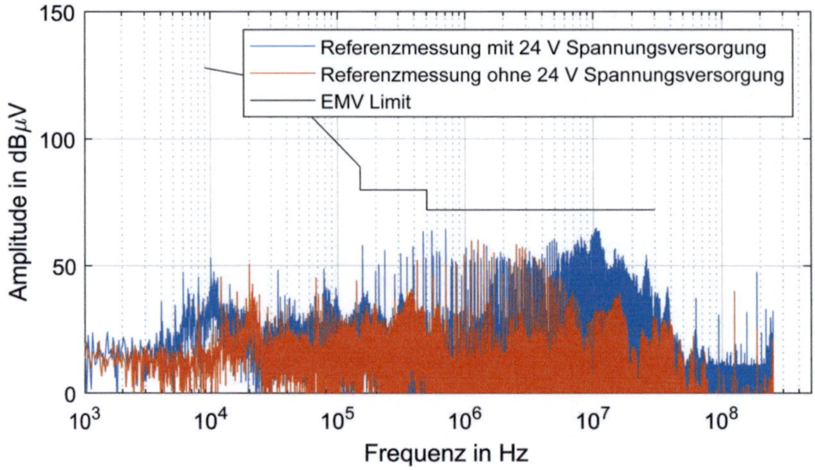

Abbildung 4.49: EMV-Referenzmessung des dreiphasigen verbesserten Prototyps an der LISN bei 0 V Zwischenkreisspannung.

4.4.4 Geregelter Betrieb

In den vorherig beschriebenen Versuchen wurden die Messungen immer an stark dämpfenden Lastwiderständen oder Drosseln durchgeführt. Diese Lasten sind alle passiven Ursprungs und geeignet, um das prinzipielle Verhalten zu erforschen, die EMV-Störungen zu messen, oder Limits im thermischen beziehungsweise elektrischen Bereich zu erreichen. Die Zielanwendung des Umrichters ist gemäß der Abb. 2.1 allerdings eine netzgebundene industrielle Anwendung. In dieser wird der Umrichter als taktende Einspeisung betrieben. In der realen Anwendung ist es folglich möglich, den Spannungszeiger des Umrichters beliebig zu wählen. Je nach dem Betrag und der Phasenlage der Umrichterspannung stellt sich ein Stromfluss vom Umrichter zum Netz, oder vom Netz zum Umrichter ein. Mit Hilfe dieses Stromflusses kann demnach die Leistung, welche in den Umrichter oder in das Netz übertragen wird, geregelt werden. Die Berechnung des Lastflusses unterschiedlicher Lastszenarien wurde exemplarisch im Kapitel 3 anhand eines Fünflevel-Umrichters beschrieben und in Abb. 3.5 und Abb. 3.6 dargestellt. Die Regelung eines solchen netzgebundenen Umrichters ist typischerweise als Kaskadenregelung mit einer unterlagerten dynamischen Phasenstromregelung und einer überlagerten Zwischenkreisspannungsregelung ausgeführt. In den vorherigen Abschnitten und Messungen wurde der Umrichter entweder vollständig gesteuert betrieben oder lediglich mit Verwendung einer Phasenstromregelung. Ziel dieser Arbeit war es nicht, eine Regelung selbst zu implementieren, sondern die Ansteuerung des

Multilevel-Umrichters mit der Ansteuerung eines standardmäßigen Siemens Umrichters zu verknüpfen. Diese prinzipielle Verknüpfung ist in der Abb. 4.26 vorgestellt. Die Regelung basiert vollständig auf der Siemens Plattform. Wird lediglich der Strom geregelt, ist bei dem verwendeten System eine maximale Rechenfrequenz von 40 kHz für die Regelung einstellbar. Wird zu dem Strom noch die Zwischenkreisspannung geregelt, ist aktuell lediglich eine maximale Frequenz von 8 kHz für die Regelung einstellbar. Da die passiven Komponenten des betrachteten Multilevel-Umrichters und die zugehörigen Zeitkonstanten sehr klein sind, reicht eine solche Reglerfrequenz gemäß einer Simulation nicht aus, um schnell genug auf das System zu reagieren. Es soll trotzdem getestet werden, ob sich das System prinzipiell mit Hilfe der Standardansteuerplattform regeln lässt, obwohl diese im realen System eine schnellere Frequenz der Regler benötigt. Das theoretische Testsystem ist in der Abb. 4.50 dargestellt.

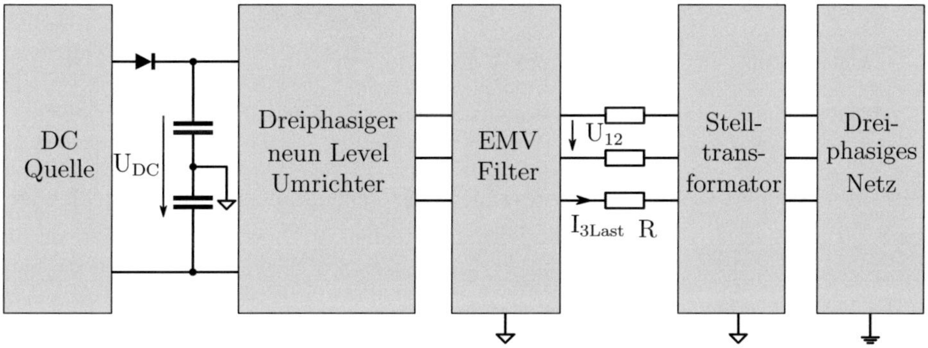

Abbildung 4.50: Versuchsaufbau des dreiphasig geregelten Betriebs am Industrienetz. Der Stelltransformator ist zur Reduktion der Netzspannung vorhanden, die DC-Quelle und die Diode zur Vorladung des Zwischenkreises.

Der reale Laboraufbau dieses dreiphasig geregelten Versuches ist in der Abb. 4.51 dargestellt.

Auf der rechten Seite in der Abb. 4.50 befindet sich das dreiphasige Netz. Dieses besitzt eine Leiter-Leiter-Nennspannung von 400 V. An das Netz ist ein Stelltransformator angeschlossen, mit welchem die Spannung heruntertransformiert wird. Dieser ist lediglich für den Testbetrieb bei niedriger Spannung notwendig. An den Stelltransformator wird ein Widerstand angeschlossen, um das System zu dämpfen und hohe Spitzenströme zu vermeiden. An dieser Stelle wird zudem die Leiter-Leiter-Spannung über ein Voltage Sensing Module (VSM) der Siemens AG erfasst. Die Leiter-Leiter-Spannungen werden für den Betrieb mit der Siemens-Plattform benötigt. Zusätzlich wird der Phasenstrom aller drei Phasen mit einer Shunt-Messung aufgenommen, welche mit

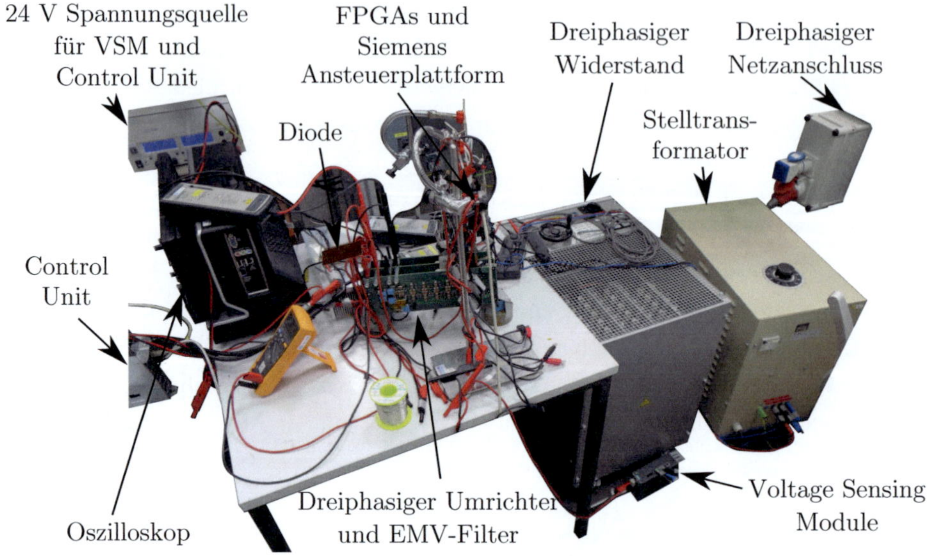

Abbildung 4.51: Laboraufbau des dreiphasig geregelten Versuches am Industrienetz

Hilfe eines Siemens S120 Umrichters erfolgt. Die Verbindung zu der Shunt Messung des S120 Umrichters wird mit Laborleitungen realisiert. Diese wird benötigt, da die Strommessung nicht auf dem aktuellen Multilevel-Prototypen vorgesehen ist. Folglich ist der Widerstand zwischen dem Stelltransformator und dem dreiphasigen Prototyp mit integriertem EMV-Filter aus Abb. 4.35 angeschlossen. Der DC-Zwischenkreis des Umrichters befindet sich auf der linken Seite der Abb. 4.50 und Abb. 4.51. Da auch die Spannung des Zwischenkreises geregelt werden soll, wird auch hierfür eine Messung benötigt, die extern auf dem beschriebenen S120-Umrichter erfolgt und erneut mit Hilfe von Laborleitungen angeschlossen wird. An den Zwischenkreis ist im Normalbetrieb zum Beispiel ein Motorumrichter angeschlossen, welcher mit einem dreiphasigen Motor verbunden ist. Für den beschriebenen Testbetrieb wird darauf verzichtet und lediglich eine DC-Spannungsquelle verwendet. Die DC-Quelle ist mittels einer Diode an der positiven Spannung des Zwischenkreises angeschlossen, wobei die Diode verwendet wird, um den Zwischenkreis des Multilevel-Umrichters und die DC-Quelle entkoppeln zu können. In den nachfolgenden beiden Punkten erfolgt eine detailliertere Beschreibung zur Vorladung sowie zur Erweiterung bezüglich der Pulsfreigabe im Einschaltvorgang:

- Pulsfreigabe: Wird das System geregelt betrieben, muss zu- und im Notfall auch abgeschaltet werden können. Andernfalls kann es sein, dass die Zwischenkreisspannung oder der Strom bei falschen Einstellungen instabil werden. Dadurch können die Werte außerhalb des typischen Bereiches liegen und im Falle der Zwischenkreisspannung beispielsweise unkontrolliert aufgeladen werden. Als Folge dessen würden einzelne Komponenten des Umrichters zerstört werden. Das Ab- und Zuschalten der Multilevel-Gate-Signale wird über ein Pulsfreigabe-Bit von der Ansteuerung des S120 generiert. Dieses wird als Enable Bit für die Multilevel-PWM Generierung verschalten. Wichtig ist dabei, dass die Flying-Capacitors geladen sind, um zu vermeiden, dass zum einen ein sehr hoher Source-Drain-Strom fließt und zum anderen auch eine Überspannung an einem der GaN-Schalter entsteht. Beide Fälle haben typischerweise auch eine Zerstörung der darauffolgenden Schalter zur Folge.

- Vorladung der Zwischenkreiskondensatoren und Flying-Capacitors: Im vorherigen Punkt wird beschrieben, dass es wichtig ist, die Flying-Capacitors im Falle des Zuschaltens vorzuladen. Das Vorladen wird üblicherweise über eine geeignete Vorladeschaltungen ausgeführt. Der dreiphasige Prototyp besitzt aktuell keine solche Vorladeschaltung. Aus diesem Grund wird die Vorladung mit einer DC-Spannungsquelle realisiert. Da diese im geregelten Betrieb zu Problemen mit der Zwischenkreisspannung des Umrichters führt, muss sie entkoppelt werden. Dies geschieht durch die in Abb. 4.50 eingezeichnete Diode. Im Betrieb wird die DC-Spannungsquelle abgeschaltet und die Spannung dieser bricht folglich ein. Der Stromfluss zwischen dem Zwischenkreis zum und von der DC-Spannungsquelle ist für diesen Fall folglich unterbunden. Es genügt nicht, die Spannung des Zwischenkreiskondensators vorzuladen, da sonst beim Einschalten an einem Schalter eine Überspannung entstehen würde. Aus diesem Grund müssen zu den genannten Vorkehrungsmaßnahmen noch hochohmige Widerstände parallel zu den Schaltern verschalten werden. Da der Umrichter bei der Vorladung nicht taktet, werden die Flying-Capacitors für diesen Fall daher lediglich über diese Widerstände vorgeladen. Zugeschaltet darf demzufolge erst nach der Vorladung der Flying-Capacitors werden, wobei die Dauer abhängig von der resultierenden Zeitkonstante zwischen dem Flying-Capacitor und den Widerständen ist.

Die Tests an dem geregelten System sind angesichts der genannten Gründe bei einer sehr geringen Spannung erfolgt. In der Abb. 4.52 ist der Einschaltvorgang dargestellt. Es sind die Leiter-Leiter-Spannung der reduzierten Netzspannung sowie die der geschalteten Spannung abgebildet. Da die Leiter-Leiter-Spannung gemessen ist, sind mehr als die üblichen neun Spannungslevel auf der Spannung erkennbar. In der Messung gibt es zu Beginn des Einschaltens aufgrund der Regelung eine große

Amplitude in der Spannung. Dieser Einschwingvorgang führte bei höherer Spannung zur Zerstörung einiger Schalter.

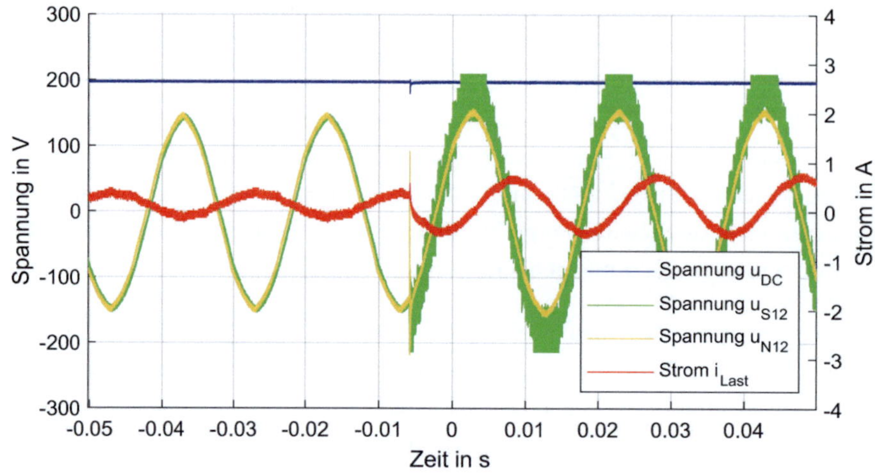

Abbildung 4.52: Messung des Zuschaltvorgangs für den dreiphasig geregelten Umrichter bei einer reduzierten Zwischenkreisspannung von 200 V.

Der Stromfluss ist wegen des großen Widerstandes zwischen der gefilterten Umrichterspannung und der Netzspannung relativ gering und das Anheben der Zwischenkreisspannung ist erst bei der Betrachtung eines größeren Zeitbereichs möglich. Dieses Anheben wurde auch bei stark reduzierter Dynamik gemessen. Die Messergebnisse lassen sich der Abb. 4.53 entnehmen.
Die ausgegebene Umrichterspannung ist in dieser Messung in Abb. 4.53 geringer als die Netzspannung, wodurch Leistung in den Umrichter übertragen wird und die Zwischenkreisspannung langsam ansteigt. Der große Widerstand reduziert aufgrund des begrenzten Aussteuerbereiches die Höhe des Stromflusses stark, wodurch der neue Sollwert erst nach einer Zeit von etwa einer Sekunde erreicht wird. Die Messungen validieren, dass theoretisch der Betrieb mit einer Standardregelung möglich ist. Allerdings benötigt diese eine höhere Frequenz und Dynamik, um gerade im Bereich des Zuschaltens eine Überspannung an den Schaltern zu vermeiden. Das Verhalten des Umrichters mit einer dynamischen Regelung und unter typischen industriellen Betriebsbedingungen wird im nachfolgenden Kapitel simulativ betrachtet.

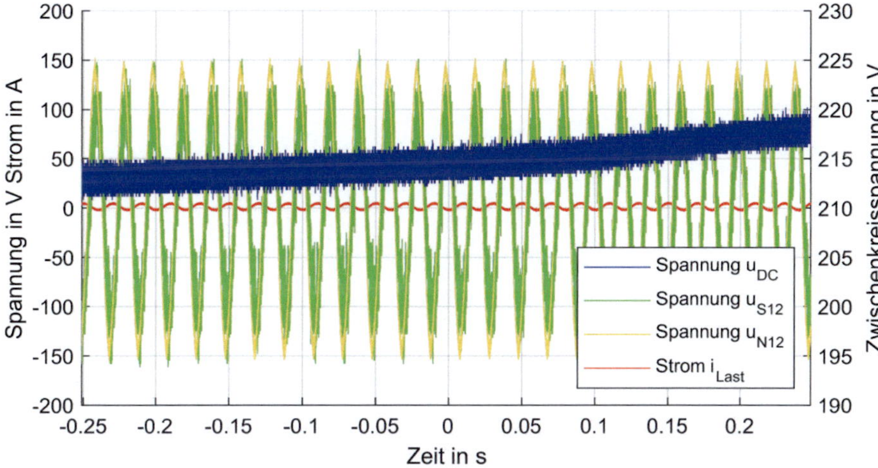

Abbildung 4.53: Messung des Anhebens der Zwischenkreisspannung von 200 V auf 230 V für den dreiphasig geregelten Umrichter.

Kapitel 5

Simulative Betrachtung industrieller Betriebsbedingungen

In diesem Abschnitt werden die wichtigsten Betriebsbedingungen für einen industriellen netzgebundenen Umrichter betrachtet. Dies erfolgt ausschließlich simulativ. Die elektrischen Komponenten der Simulation werden allerdings übereinstimmend zu dem beschriebenen Prototypen gewählt. Eine Untersuchung unterschiedlicher Betriebspunkte wurde bereits in der Veröffentlichung [67] für einen einphasigen Fünflevel-Umrichter mit einer Leistung von 2 kW durchgeführt. Der in dieser Arbeit betrachtete Flying-Capacitor-Umrichter hat aufgrund der hohen Schaltfrequenz, des zweistufigen Filters und der hohen Levelanzahl extrem kleine parasitäre Komponenten. Zusätzlich ist der in dieser Arbeit untersuchte Umrichter dreiphasig ausgeführt, wodurch sich beispielsweise das Vorladekonzept ändert. Aus diesem Grund wird die Notwendigkeit einer solchen Untersuchung gesehen. Der prinzipielle Aufbau der Simulation ist in der Abb. 5.1 dargestellt.
Die unterschiedlichen Komponenten der Simulation werden im Folgenden beginnend von der linken Seite in Abb. 5.1 beschrieben:

- Gesteuerte Laststromquelle und Entladeschaltung: Am DC-Zwischenkreis des Umrichters ist eine gesteuerte Laststromquelle angeschlossen. Mit dieser ist es möglich, unterschiedliche Lastpunkte zu testen. Beispielweise ist der sprunghafte Anstieg auf den Überlastfall von besonderem Interesse. Ein solcher Sprung ist theoretischen Ursprungs, da beispielsweise Motoren im Normalfall einen rampenförmigen Anstieg der Last aufweisen. Um den Worst-Case-Fall zu testen, wird dennoch der theoretische Fall eines sprungförmigen Anstiegs simuliert. Über einen Wechsel der Stromrichtung in der gesteuerten Quelle kann beispielsweise auch eine generatorische Last mit der damit verbundenen Rückspeisung in das Netz getestet werden. Des Weiteren wird an der gleichen Stelle eine Entladeschaltung verwendet. Mit dieser können der Zwischenkreis und die zugehörigen

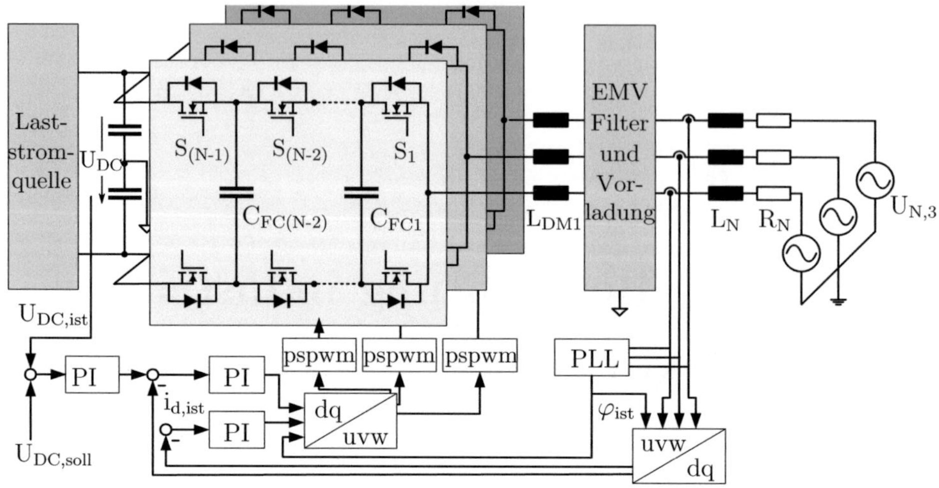

Abbildung 5.1: Wichtigste Komponenten, die für den Aufbau des dreiphasigen Simulationssystems benötigt werden. Es befindet sich eine dreiphasige Spannungsquelle an der Stelle des Netzes und eine Stromquelle im Zwischenkreis, um unterschiedliche Lastpunkte für den motorischen und generatorischen Betrieb zu testen.

Flying-Capacitors schnell entladen werden, um den Einfluss auf die Kondensatorspannung zu untersuchen. Im realen Umrichter ist keine solche Schaltung vorhanden, die Entladung erfolgt lediglich über die Entladewiderstände, welche hochohmig und dauerhaft am Zwischenkreis angeschlossen sind. Die resultierende Zeitkonstante des realen Prototyps ist daher im Vergleich zur Simulation wesentlich größer.

- Dreiphasiger Neunlevel-Umrichter: Der dreiphasige Neunlevel-Flying-Capacitor-Umrichter in der Simulation ist wie der realisierte Prototyp aufgebaut. Die Größen der elektrischen Komponenten richten sich dabei nach den Nenngrößen der Komponenten. Es werden lediglich die wichtigsten parasitären Komponenten mit einbezogen, da sich die Simulationsdauer ansonsten massiv verlängert.

- EMV-Filter: Das EMV-Filter besitzt die gleiche Struktur und die gleichen Komponenten wie der realisierte Prototyp.

- LISN: Zur Netznachbildung wird das elektrische Schaltbild einer LISN verwendet. An dieser können die gleichen EMV-Kennlinien wie für das reale System simuliert werden.

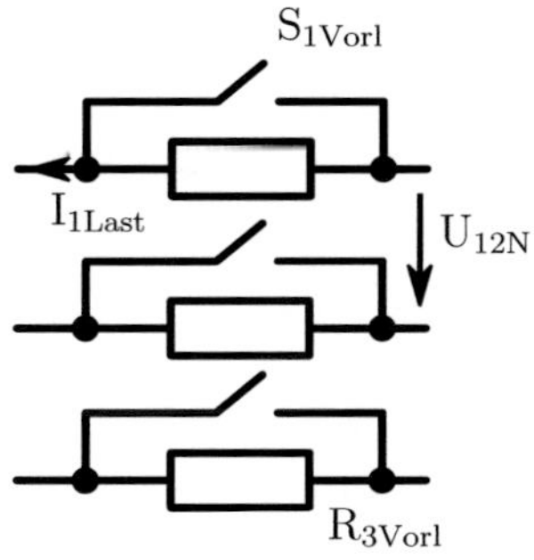

Abbildung 5.2: Dreiphasige Vorladeschaltung zur Vorladung des Zwischenkreises aus dem Netz.

- Vorladeschaltung: Die Vorladeschaltung ist in Abb. 5.2 dargestellt. Es wird ein Widerstand mit 35 Ω verwendet. Die Aufgabe des Vorladewiderstandes ist es, den Vorladestrom zu begrenzen. Nach dem Vorladevorgang wird der Widerstand über jeweils einen Schalter überbrückt, um im normalen Betrieb keine Verluste zu generieren. Während des Vorladevorgangs muss der Umrichter takten, um eine symmetrische Aufteilung der Flying-Capacitor-Spannungen zu gewährleisten. Im realen Aufbau ist es daher notwendig, vor dem Vorladevorgang bereits eine Versorgungsspannung der Software und folglich auch der Ansteuersignale zu besitzen.

- Spannungsquellen dreiphasiges Netz: Das Netz wird lediglich durch drei gesteuerte Spannungsquellen realisiert. Diese besitzen für den europäischen Raum im Normalfall eine Leiter-Leiter-Spannung von $\sqrt{3}\cdot 230$ V und 50 Hz. Da die Amplitude der Netzspannung gelegentlich einbricht, wird zusätzlich ein Spannungseinbruch der Netzspannung um 20 % simuliert.

Die Regelung des Umrichters ist, wie im vorherigen Abschnitt beschrieben, mittels einer Kaskadenregelung realisiert. Die Regelungsstruktur der Simulation ist in Abb. 5.1 dargestellt. Die dynamische Phasenstromregelung ist in d/q-Koordinaten mit einem PI Regler implementiert. Die Regelung in d/q-Koordinaten ist typisch für einen Zweilevel-Umrichter. Sie ermöglicht es, die sinusförmigen Größen in Gleichgrößen umzuwandeln und infolgedessen besser regeln zu können. Die d-Komponente des Stromsollwertes resultiert aus der überlagerten Spannungsregelung, während die q-Komponente auf null geregelt wird. Die Zwischenkreisspannungsregelung wird auch als PI Regelung, jedoch mit einer höheren Zeitkonstante ausgeführt und erhält einen Sollwert von 650 V. Die gesamte Regelung wird zeitdiskret mit einer Frequenz von 40 kHz simuliert. Der

vollständige geschlossene Regelkreis aus dem vorherigen Abschnitt konnte dementgegen nur mit einer Frequenz von 8 kHz betrieben werden. Eine Besonderheit der Regelung besteht darin, dass während des Vorladevorgangs von einem geregelten auf einen gesteuerten Betrieb umgeschaltet werden muss. Die Speicher der Integralkomponenten müssen daraufhin vor dem erneuten Zuschalten der Regelung wieder gelöscht werden. Während dem Entladen wird eine vollständige Pulssperre durchgeführt, welche vor dem Wiedereinschalten zu einem Löschen der Speicher führen muss.
Die Ergebnisse der Simulation sind in den nachfolgenden Abbildungen vorgestellt. Zeitlich wurden die unterschiedlichen Betriebszustände wie folgt simuliert:

- 0.0<t<0.02 Betrieb ohne Last: Im Zeitabschnitt von 0 s bis 0.02 s ist keine Last an dem Umrichter angeschlossen. Die Kondensatoren des Zwischenkreises und die Flying-Capacitors sind vorgeladen. Zum Beginn der Simulation erfolgt ein kurzer Strompeak, welcher vermutlich auf den nicht vorgeladenen Kondensatoren des Filters zu Beginn der Simulation beruht. Dies ist lediglich ein simulativer Effekt und wird daher nicht weiter untersucht.

- 0.02<t<0.03 Einbruch der Netzspannung um 20 %: Im Zeitbereich von 0.02 s bis 0.03 s bricht die Amplitude der Netzspannung um 20 % ein. In den Istwerten der Stromregelung kann ein kurzer Peak erkannt werden. Nach dem kurzen Einschwingvorgang der Regelung, wird ein reduzierter Modulationsgrad ausgegeben und der Strom wieder auf den Wert Null geregelt.

- 0.03<t<0.04 Betrieb ohne Last: Im Bereich von 0.03 s bis 0.04 s wird die Amplitude der Netzspannung wieder auf 100 % angehoben. Das Anheben der Netzspannung erfolgt erneut sprunghaft, weshalb die Wirkung auf den Regler nahezu identisch zum vorherigen Zeitbereich ist.

- 0.04<t<0.06 generatorische Überlast: Im Abschnitt von 0.04 s bis 0.06 s wird am Zwischenkreis eine Last entsprechend der dreifachen Überlast zugeschaltet. Das Zuschalten der Last erfolgt über die gesteuerte Stromquelle, wobei sich diese an einem Phasenstrom von 120 A orientiert. Dieser Wert entspricht dem Dreifachen des Nennstromes von 40 A pro Phase, was auch Grundlage der elektrischen Auslegung aus Kapitel 2 war. Wichtig ist es, dass für diesen Fall die Spannung an den Schaltern während der gesamten Zeitspanne die maximale Drain-Source-Spannung nicht überschreitet. Zudem darf die Zwischenkreisspannung einen Wert von 820 V nicht übersteigen, da dies als Maximalwert und auch als Abschaltschwelle für die industrielle Anwendung definiert wurde. In der Simulation werden diese beiden kritischen Werte nicht überschritten, sodass die theoretische

Realisierung demnach möglich ist. Die Frequenz von 40 kHz ist folglich für den betrachteten Umrichter ausreichend, um auf Störungen dynamisch genug reagieren zu können. Es sei darauf hingewiesen, dass die Regelparameter noch nicht vollständig optimiert wurden und somit auch noch eine Verbesserung der Simulationsergebnisse zu erwarten ist. Anhand der Messungen am Prototypen mit maximaler Leistung ist allerdings offensichtlich, dass der Umrichter thermisch einem solchen Stromfluss nicht standhalten könnte.

- 0.06<t<0.075 Entladung des Zwischenkreises: Im Bereich von 0.06 s bis 0.075 s wird die Zwischenkreisspannung vollständig entladen. Diesen Vorgang gibt es im Normalfall lediglich über hochohmige Widerstände. Da aufgrund der Simulationsdauer allerdings ein sehr kleiner zuschaltbarer Widerstand verwendet wurde, bei welchem der gesamte Vorgang unkritisch ist, wird auch der normale langsame Entladevorgang als problemlos angesehen. Die Schalter müssen bei einer sehr schnellen Entladung zum richtigen Zeitpunkt eingeschaltet werden, um eine Überhitzung wegen der hohen Verluste der Rückwärtsleitfähigkeit zu vermeiden. Wichtig ist zusätzlich, dass für den Entladefall das Netz abgeschaltet werden muss, um hohe Ströme durch die Rückwärtsleitfähigkeit der Schalter und folglich deren Überhitzung zu vermeiden. Das Netz kann für einen realen Umrichter mit der Verwendung eines Relais vom Ausgang des Umrichters getrennt werden. Während des Entladevorgangs taktet der Umrichter nicht mit 100 kHz.

- 0.075<t<0.3 Vorladung des Zwischenkreises: Im Zeitbereich von 0.075 s bis 0.3 s wird der Umrichter mit Hilfe eines Vorladewiderstandes gemäß Abb. 5.2 vorgeladen. Der Wert des Vorladewiderstands bestimmt die Dauer diese Prozesses, wobei die Maximaldauer meist über interne Standards vorgegeben wird. In langsameren Vorladevorgängen, mit einem größeren Widerstandswert, bleiben die Flying-Capacitors symmetrischer. Die resultierende Maximalspannung an den Schaltern bleibt folglich geringer und aus dem Blickpunkt der Überspannung unkritischer. Um alle Betriebszustände in einer Simulation zu realisieren, wurde dessen ungeachtet ein kleiner Widerstand verwendet, welcher zu geringfügigen Unsymmetrien der Flying-Capacitor-Spannungen führt. Diese Unsymmetrien sind für die verwendeten 200 V GaN-Schalter aufgrund der großen Reserve dennoch unkritisch. Der gesamte Vorladevorgang erfolgt ausschließlich im gesteuerten Betrieb. Gemäß den Veröffentlichungen [68],[12] und [67] gibt es noch andere Arten der Vorladung. Diese sind für den dreiphasigen Fall nicht ohne Weiteres realisierbar, weshalb die beschriebene Vorladeschaltung verwendet wurde.

- 0.3<t<0.34 Betrieb ohne Last: Im Bereich von 0.3 s bis 0.34 s wird der Vorladewiderstand des Umrichters überbrückt und der Umrichter ohne Last betrieben. Hier wird von einem gesteuerten in einen geregelten Betrieb umgeschaltet, was ein Löschen der internen Speicher der PI Regler vor dem Umschalten notwendig macht. Die Spannungen der Kondensatoren sind zum Beginn dieses Betriebes noch nicht vollständig geladen. Daraus resultiert ein Schwingen in der Flying-Capacitor-Spannung und dadurch auch in der Schalterspannung. Dies kann in den Spannungen der Abb. 5.5 erkannt werden. Die Werte sind allerdings unkritisch und die Kondensatoren symmetrieren sich innerhalb einer kurzen Zeitdauer.

- 0.34<t<0.36 Betrieb motorische Überlast: Im Bereich von 0.34 s bis 0.36 s wird am Zwischenkreis eine Last entsprechend der dreifachen Überlast im motorischen Betrieb zugeschaltet. Dies erfolgt wie im generatorischen Betrieb über die gesteuerte Stromquelle. Diese wird auf einen resultierenden Phasenstrom von 120 A eingestellt, wobei die Stromrichtung im Gegensatz zum generatorischen Betrieb ein negatives Vorzeichen besitzt und der Zwischenkreis somit theoretisch ohne Regelung entladen wird. Wie aus Abb. 5.4 ersichtlich ist, verhindert die Regelung die Entladung des Zwischenkreises, indem die Umrichterspannung niedriger als die Netzspannung ist und folglich ein Strom von dem Netz zum Zwischenkreis des Umrichters fließt. In der Abb. 5.5 ist erkennbar, dass auch für diesen Betriebspunkt keine Überspannungen der Schalter oder unsymmetrische Flying-Capacitors auftreten.

- 0.36<t<0.37 Betrieb ohne Last: Im Bereich von 0.36 s bis 0.37 s wird die motorische Last im Zwischenkreis abgeschaltet. Im eingeschwungenen Zustand fließt resultierend näherungsweise kein Strom zwischen dem Umrichter und dem Netz. Die Umrichterausgangsspannung ist demnach identisch zur Netzspannung.

Während der gesamten Simulationsdauer überschreitet keine Spannung am Schalter die 200 V, welche durch die maximale Drain-Source-Spannung der Schalter definiert ist. Von besonderem Interesse ist dabei der Lastanstieg, welcher nahezu keinen Sprung in der Schalterspannung zur Folge hat. Im realen System kommt zusätzlich zu der simulierten Überspannung, welche aus geringfügig unsymmetrisch geladenen Flying-Capacitors resultiert, noch die Schaltüberspannung der GaN-Schalter. In der Simulation ist noch eine Reserve von mehr als 50 V pro Schalter vorhanden. Aus diesem Grund bleibt die Spannung auch mit Einbezug der Schaltüberspannung, bei einer

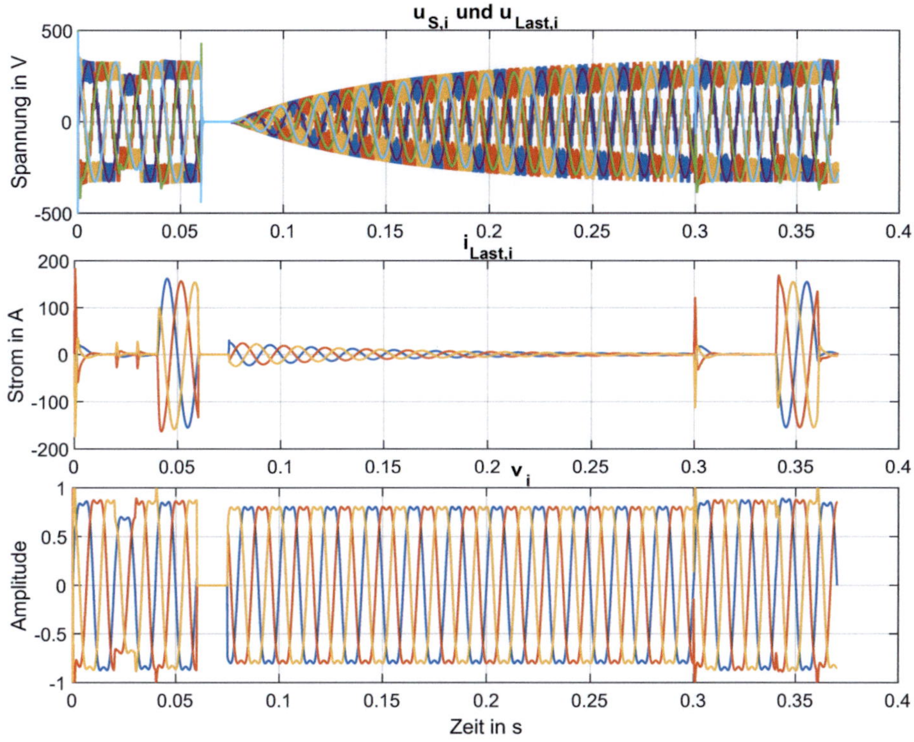

Abbildung 5.3: Dreiphasige Simulation des geregelten netzgebundenen Umrichters. In dieser Darstellung sind die geschalteten Ausgangsspannungen des Umrichters vor $u_{S,i}$ und nach dem EMV-Filter $u_{Last,i}$ abgebildet. Zudem sind die Phasenströme $i_{Last,i}$ und die zugehörigen Modulationssignale V_i, anhand welcher die Ansteuersignale der Schalter berechnet werden, dargestellt.

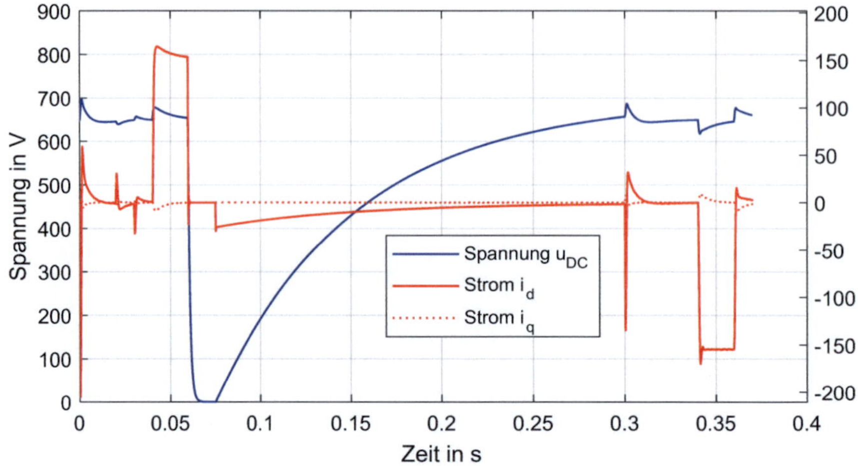

Abbildung 5.4: Dreiphasige Simulation des geregelten netzgebundenen Umrichters. In dieser Darstellung sind die Istwerte der Phasenströme $i_{Last,i}$ in d/q-Komponenten $i_{d,q}$, welche für die Stromregelung verwendet werden, abgebildet. Zudem ist der Istwert der Zwischenkreisspannung u_{DC} dargestellt.

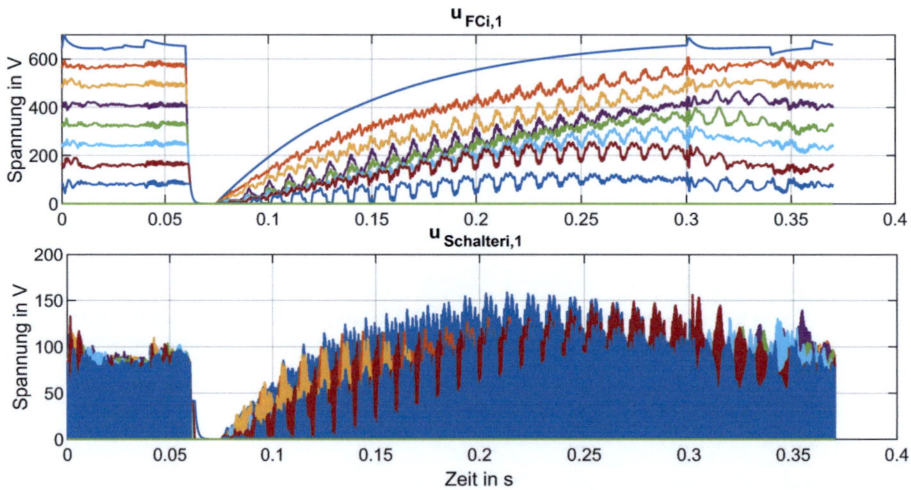

Abbildung 5.5: Dreiphasige Simulation des geregelten netzgebundenen Umrichters. In dieser Darstellung sind die Istwerte der Flying-Capacitor-Spannungen $u_{FCi,1}$ für eine Phase abgebildet. Zudem sind die Istwerte der Drain-Source-Schalterspannungen $u_{Schalteri,1}$ für eine Phase dargestellt.

geeigneten Auswahl der Gate-Widerstände unkritisch. Diese Ergebnisse zeigen, dass der ausgelegte Umrichter theoretisch für die betrachteten industriellen Bedingungen geeignet ist. Allerdings konnte an den bisherigen Messungen des realen Aufbaus festgestellt werden, dass teilweise schon kleinste parasitäre Komponenten einen großen Einfluss auf das Gesamtsystem haben können. Daher ist eine praktische Realisierung eines solchen Hardwareaufbaus besonders interessant und sollte in weiterführenden Arbeiten zu diesem Thema untersucht werden.

Kapitel 6

Zusammenfassung und Ausblick

Aktuelle Veröffentlichungen zu Flying-Capacitor-GaN-Multilevelumrichter zeigen das enorme Potential solcher Umrichter. Der Großteil dieser Veröffentlichungen befasst sich hauptsächlich mit einphasigen Motoranwendungen. Die vorliegende Arbeit untersuchte eine industrielle dreiphasige Anwendung als Netzumrichter mit integriertem EMV-Filter. Hierfür wurde im ersten Kapitel der vollständige theoretische Entwurf eines dreiphasigen Flying-Capacitor-GaN-Umrichters aufgezeigt. Dies beinhaltete auch den Entwurf eines zweistufigen EMV-Filters, welches die leitungsgebundenen Störungen dämpft, um die gültige EMV-Norm einzuhalten. Zudem wurden die Verluste der GaN-Schalter genauest möglich anhand der Angaben des Datenblattes bestimmt. Dies geschah anhand der Betrachtung einer Tiefsetzstellerschaltung gemäß der Veröffentlichung [2]. Basierend auf den berechneten elektrischen Größen der Komponenten wurde im Nachfolgenden auf die Energie, das Volumen und die Effizienz des gesamten Umrichters geschlossen. Zur multikriteriellen Optimierung des Gesamtsystems wird in einem solchen Anwendungsbereich oftmals eine Monte-Carlo-Optimierung genutzt, da diese eine schnelle und einfach realisierbare Lösung darstellt. Folglich wurde diese Methode auf das bestehende Optimierungsproblem angewendet, um eine Aussage über die Effizienz und das Bauvolumen treffen zu können. Die Ergebnisse dieser Optimierung zeigen, dass für die beschriebene industrielle Anwendung eine Anzahl von acht bis elf Spannungslevel optimal im Hinblick auf das Volumen und den Wirkungsgrad ist. Bei der Schaltfrequenz gibt es kein eindeutiges Optimum. Eine Schaltfrequenz zwischen 600 kHz und 1000 kHz wurde als geeignet eingestuft. Der resultierende Entwurf für die nachfolgenden Betrachtungen nutzte aufgrund einer einfachen Realisierbarkeit der Ansteuerplattform acht Spannungslevel und eine Schaltfrequenz von 800 kHz. Dazu wurden zwei parallele Schalter und ein zweistufiges EMV-Filter verwendet.

Weitere Untersuchungen dieser Arbeit lagen im Bereich der theoretischen Untersuchung des Natural-Balancings der Flying-Capacitors. Dieser Effekt ist in der Literatur bekannt und tritt auf, falls ein Flying-Capacitor-Multilevel-Umrichter mit der PSPWM betrieben wird. Er beschreibt das automatische Symmetrieren der Flying-Capacitor-

Spannungen auf den nominalen Wert. Zu Beginn dieser Untersuchung wurde das Mittelwertmodell verwendet, anhand welchem lediglich eine Aussage über das statische Verhalten des Balancings getroffen werden konnte. Eine Erweiterung auf das transiente Modell wurde als sinnvoll angesehen. Dieses wurde anhand einiger Veröffentlichungen [36],[35] und [1] vorerst linearisiert betrachtet. Dies geschah, indem die Schalt- und die Schaltdifferenzfunktion der Schalter zunächst mathematisch approximiert und das Gesamtsystem mit Hilfe mathematischer Vereinfachungen im Frequenzbereich linearisiert wurden. Diese Betrachtungen wurden bisher lediglich an passiven Lasten durchgeführt. Eine Analyse als Netzumrichteranwendung ist nicht ohne Weiteres möglich. Aus diesem Grund wurde das Differentialgleichungssystem für eine Netzumrichteranwendung aufgestellt und das nicht linearisierte zeitvariante System betrachtet. Anhand eines Fünflevel-Umrichters wurden unterschiedliche Lastpunkte genauer untersucht. Die Ergebnisse dieser Simulation zeigten, dass das System bei einer sehr geringen ohmschen Last zum Schwingen neigt, wobei der 50 Hz Strom keinerlei Einfluss auf das Natural-Balancing hatte. Ein solches theoretisches Modell eignet sich nur für sehr einfache Umrichtersysteme. Bei Flying-Capacitor-Umrichtern mit einer hohen Levelanzahl und einer komplexen Filterstruktur wird das Modell sehr schnell unübersichtlich und fehleranfällig. Zudem ist die Simulationsdauer im Gegensatz zum linearisierten Modell stark erhöht, weshalb auf eine vollständige Analyse des beschriebenen Neunlevel-Umrichters verzichtet wurde.

Die Hardwareimplementierung des Umrichters erfolgte im ersten Schritt lediglich auf Basis einer einzelnen Kommutierungszelle. Hierfür wurde zunächst der Unterschied zu einer Halbbrücke dargelegt. Designs von normalen GaN-Halbbrücken erzielen parasitäre Kommutierungsinduktivitäten von bis zu 0.25 nH [48]. Die meisten Layouts unterschiedlicher Kommutierungskreise konnten auf den Kommutierungskreis des Flying-Capacitor-Umrichters übertragen werden. Das laterale und vertikale Design wurden hardwaretechnisch realisiert. Auf eine Realisierung des optimierten vertikalen Layouts wurde verzichtet, da dieses aufgrund der industriellen Anforderung an Luft- und Kriechstrecken zu einer sehr großen Leiterplatte führen würde. Diese Realisierung erfolgte zunächst mit drei parallelen 100 V-GaN-Schaltern, da zu Beginn angenommen wurde, ein Umrichterdesign mit einer noch höheren Spannungslevelanzahl würde zu besseren Ergebnissen führen. Hinsichtlich einer sehr dünnen Leiterplatte mit lediglich vier Lagen konnte mit dem vertikalen Layout eine berechnete Kommutierungsinduktivität von 1 nH erzielt werden. Dementgegen war es mit dem lateralen Layout möglich, anhand der Messungen eine berechnete Kommutierungsinduktivität von 4 nH zu erzielen. Die Verluste des lateralen Layouts wurden mittels eines Tiefsetzstelleraufbaus vermessen. Dazu wurde die Temperatur der Schalter mit einer Wärmebildkamera für unterschiedliche Drain-Source-Spannungen, Lastströme und Schaltfrequenzen aufgenommen. Anhand einer Kurzschlussmessung war es möglich, die Beziehung zwischen den Verlusten und der Temperatur zu ermitteln. Im Nachfolgenden wurden die Verluste der GaN-Schalter, wie im ersten Kapitel beschrieben, berechnet. Mit der Kurzschlussmessung wurde folglich eine resultierende Temperatur ermittelt. Mit dieser konnte eine weitere Iteration aufgrund des temperaturabhängigen R_{DSon} durchgeführt werden und daher eine sehr genaue Bestimmung der resultierenden Temperatur und Verluste der Schalter erfolgen. Der Vergleich zeigte, dass die Messung sehr gut mit der Berechnung anhand der Daten aus dem Datenblatt übereinstimmte und die theoretische Abschätzung somit validierte. Der Neunlevel-Umrichter wurde einphasig anhand von vier unterschiedlichen Prototypen realisiert. Der erste Prototyp wurde auf einer Lochrasterplatine mit Folienkondensatoren durchgeführt. Es wurde erkannt, dass die Resonanzstelle der Folienkondensatoren in Kombination mit der parasitären Induktivität der Leitungen bei 800 kHz zu Problemen führte. In Anbetracht dieser Erkenntnis wurden in den nachfolgenden Prototypen die SMD-Kondensatoren niederinduktiv an die Kommutierungskreise angebunden. Anhand der Prototypen zwei und drei wurde ein weiterer kritischer Effekt basierend auf parasitären Komponenten ermittelt. Dieser Effekt beruhte auf parasitären Kondensatoren, welche zwischen den Kupferflächen der Flying-Capacitors und dem Mittelpunkt auftraten. Dabei hatten die Kupferfläche der Ausgänge von S_1 und $\bar{S}_1$ den größten Einfluss. Diese Kondensatoren führten zu Resonanzstellen mit den parasitären Induktivitäten der Stecker und parasitären Induktivitäten der SMD-Speicher-Kondensatoren. Dieser Effekt wurde mit dem Prototyp zwei gemessen und anhand einer Simulation theoretisch validiert. Die Daten der Simulation bauten auf den mit dem Bode-100-Network-Analyzer ermittelten parasitären Komponenten auf. Mit dem Prototyp drei konnte der Effekt maßgeblich reduziert werden. Die Oszillationen der geschalteten Ausgangsspannung wurden um einen Faktor von zwei reduziert und die Gate-Widerstände konnten dementsprechend geringer ausgeführt werden. Dies führte auch zu reduzierten Schaltverlusten und einer erhöhten Effizienz. Der Wirkungsgrad dieses Prototyps wurde mit einem Leistungsanalysator ermittelt und erreichte einen Peak Wert von 99,2 % bei 3 kW und 800 kHz. Zudem wurden mit diesem Prototyp einphasige Tests bis zu einer Maximalspannung von 820 V durchgeführt, was der Maximalspannung der theoretischen Auslegung entspricht. Einphasig war es möglich, eine maximale Leistung von 6 kW bei 600 V Zwischenkreisspannung an einer passiven Last zu testen, wozu lediglich ein kleiner Lüfter, jedoch keine Kühlkörper benötigt wurden. Auf Basis dieser Prototypen wurde ein neues einphasiges Leiterplattenlayout angefertigt, welches keine parasitären Kondensatoren zum Mittelpunkt bildete und als Prototyp vier bezeichnet wurde. Bei diesem Prototypen wurden Schalter mit einem geringeren R_{DSon} verwendet, um die Leitverluste geringfügig zu verbessern. Zudem wurde die Ansteuerung des Multilevel-Umrichters mit der Siemens Ansteuerplattform verbunden, um das System auf industrieller Basis zu testen. Mit dieser Erweiterung der Ansteuerung konnte mit dem Prototypen das transiente Verhalten eines solchen Umrichters für den einphasigen Fall untersucht werden. Es wurde im vorgeladenen Zustand eine maximale Einschwingzeit von 50 μs erreicht. Für einen geschlossenen Regelkreis könnte demnach eine Bandbreite im Bereich von 20 kHz erreicht werden. Diese resultierte aufgrund der kleinen Werte der elektrischen Komponenten des EMV-Filters. Im Vergleich zum heutigen Standardumrichter ist dies eine Verbesserung von etwa Faktor zehn. Für dreiphasige Tests wurden die Leiterplatten gestapelt und elektrisch an geeigneter Stelle verbunden. In EMV-Tests war es möglich, eine parasitäre CM-Induktivität zu ermitteln. Diese reduziert die Dämpfung des EMV-Filters für den gesamten hochfrequenten Bereich. Dieser Effekt wurde anhand unterschiedlicher Tests vermessen und mit Hilfe einer Simulation theoretisch validiert. Mit dem Design vier, in welches diese Erkenntnisse bereits einflossen, wurde ein dreiphasiger EMV-Test unter Verwendung einer LISN bei 600 V Zwischenkreisspannung durchgeführt. Die Grenzwerte wurden bei 800 kHz aufgrund der internen parasitären Induktivität der Filterkondensatoren um 2 dB überschritten. Dies validierte jedoch die prinzipielle theoretische Auslegung des EMV-Filters und mit marginalen Anpassungen sind die Grenzwerte bereits erreichbar. Die Maximalleistung des dreiphasigen Umrichters wurde für eine passive Kühlung ohne Lüfter mit 7 kW bestimmt. Bei aktiver Kühlung wurde eine Maximalleistung von 16 kW gemäß einem Test an einer 50 Hz Drossel ermittelt. Beide Tests wurden bei 600 V und ohne die Verwendung eines Kühlkörpers vorgenommen. Geregelt konnte der Umrichter am Netz nur mit einer reduzierten Spannung und Dynamik betrieben werden. Dies lag an der geringen Regelungsfrequenz der Ansteuerplattform. Jedoch validierten die Tests, dass der Betrieb mit einer Standardregelung, grundsätzlich möglich ist. Lediglich in transienten Betriebsbedingungen, wie dem Zuschalten, wird eine erhöhte Regelfrequenz benötigt. Tests mit einer erhöhten Regelungsfrequenz im Netzbetrieb sind Aufgabe zukünftiger Untersuchungen und wurden im Rahmen dieser Arbeit nur theoretisch in Form einer Simulation mit geschlossenem Regelkreis betrachtet.

Die typischen industriellen Betriebsbedingungen wurden theoretisch anhand einer Simulation genauer untersucht. Dazu wurde eine Kaskadenregelung mit einer Rechenfrequenz von 40 kHz für den Phasenstrom und die Zwischenkreisspannung implementiert. Die restliche Simulation wurde gemäß den Komponenten der Prototypen angefertigt. Die Simulationsergebnisse zeigten, dass ein prinzipieller Betrieb des Umrichters während der betrachteten Betriebspunkte möglich ist. Dabei wurden die Betriebspunkte Überlast, Netzspannungseinbruch, Vorladung und Entladung des Zwischenkreises genauer betrachtet. Für jeden dieser Fälle wurde die maximal zulässige Schalterspannung nicht überschritten. Theoretisch ist der industrielle Betrieb in diesen Punkten daher möglich. Am Hardwareprototypen konnte allerdings festgestellt werden, dass schon kleinste parasitäre Komponenten große Einflüsse haben können. Aus diesem Grund ist eine praktische Realisierung für die Untersuchung industrieller Betriebsbedingungen in weiterführenden Arbeiten sinnvoll.

Insgesamt zeigten die Ergebnisse dieser Arbeit das große Verbesserungspotential, welches von der Flying-Capacitor-Topologie in Kombination mit GaN-Schaltern ausgeht. Die betrachteten Prototypen übertrafen vergleichbare Zweilevel- und Dreilevel-Topologien in jeder getesteten Kategorie. Im Vergleich zu dem Standardumrichter ist eine Reduktion des Bauvolumens um nahezu Faktor zehn möglich, während die Peak Effizienz von 97 % auf >99 % ansteigt. Besonders im Teillastbetrieb ist das enorme Potential des Multilevel-GaN-Umrichters ersichtlich. Das Gewicht eines Standardumrichters kann von 24 kg auf 1,9 kg reduziert werden. Zudem ist der Umrichter sehr dynamisch, was eine Vergrößerung der Bandbreite um den Faktor zehn ermöglicht. Dies benötigt allerdings auch eine sehr dynamische Regelung. Die Komplexität der Ansteuerung ist aufgrund der PSPWM unwesentlich größer als bei einem Zweilevel-Umrichter. Lediglich die Anzahl der Gatesignale und aktiven Bauelemente steigen im Vergleich zu Zweilevel-Umrichtern erheblich an. Die Multilevel-Prototypen konnten wegen des thermischen Limits noch nicht mit einer hohen Leistung getestet werden. Für zukünftige Tests mit einer solchen Leistung muss das Kühlkonzept demnach verbessert werden. Auch die industriellen Betriebsbedingungen am Netz, welche aktuell zum Großteil nur simulativ betrachtet wurden, müssen noch hardwaretechnisch mit einer erhöhten Reglerfrequenz verifiziert werden. Zudem muss die Stabilität der GaN-Schalter für Fehlerfälle, wie einen Kurzschluss am Ausgang des Umrichters, noch genauer untersucht werden.

Kapitel 7

Anhang

7.1 Vierpoltheorie am Beispiel des LCLC-Tiefpasses

Die verwendeten Formeln aus diesem Abschnitt stammen aus [29]. Es wird der Rechenweg zur Herleitung des Übertragungsverhaltens von dem dargestellten Ersatzschaltbild 2.9 berechnet. Hierfür wird zunächst die Widerstandsform der Vierpolgleichung erstellt.

$$\begin{pmatrix} U_{Ein} \\ U_{Aus} \end{pmatrix} = \begin{pmatrix} Z_{11} & Z_{12} \\ Z_{21} & Z_{22} \end{pmatrix} \cdot \begin{pmatrix} I_{Ein} \\ I_{Aus} \end{pmatrix} \tag{7.1}$$

Das Ersatzschaltbild wird demnach in zwei LC-Stufen aufgeteilt. Die Komponenten der ersten LC-Stufe lassen sich gemäß [29] folgendermaßen bestimmen:
Leerlauf Eingangswiderstand:

$$Z_{11} = \left(\frac{U_{Ein}}{I_{Ein}}\right)_{I_{Aus}=0} = sL + \frac{1}{sC}. \tag{7.2}$$

Leerlauf Übertragungswiderstand rückwärts:

$$Z_{12} = \left(\frac{U_{Ein}}{I_{Aus}}\right)_{I_{Ein}=0} = \frac{1}{sC}. \tag{7.3}$$

Leerlauf Übertragungswiderstand vorwärts:

$$Z_{21} = \left(\frac{U_{Aus}}{I_{Ein}}\right)_{I_{Aus}=0} = \frac{1}{sC}. \tag{7.4}$$

Leerlauf Ausgangswiderstand:

$$Z_{22} = \left(\frac{U_{Aus}}{I_{Aus}}\right)_{I_{Ein}=0} = \frac{1}{sC}. \tag{7.5}$$

Die resultierende [**Z**] Matrix ist folglich:

$$[\mathbf{Z}] = \begin{pmatrix} sL + \frac{1}{sC} & \frac{1}{sC} \\ \frac{1}{sC} & \frac{1}{sC} \end{pmatrix}. \tag{7.6}$$

Diese kann mit Hilfe der folgenden Gleichungen in eine [**A**]-Matrix umgewandelt werden:

$$[\mathbf{A}] = \begin{pmatrix} \dfrac{Z_{11}}{Z_{21}} & \dfrac{Z_{11}Z_{22} - Z_{12}Z_{21}}{Z_{21}} \\ \dfrac{1}{Z_{21}} & \dfrac{Z_{22}}{Z_{21}} \end{pmatrix}. \tag{7.7}$$

Die nachfolgende [**A**]-Matrix resultiert für den betrachteten LC-Tiefpass:

$$[\mathbf{A}] = \begin{pmatrix} A_{11} & A_{12} \\ A_{21} & A_{22} \end{pmatrix} = \begin{pmatrix} s^2LC + 1 & sL \\ sC & 1 \end{pmatrix}. \tag{7.8}$$

Wird der zweistufige LC-Tiefpass betrachtet, dann kann die Kettenschaltung zweier Vierpole mittels Multiplikation der beiden [**A**]-Matrizen erfolgen. Die resultierende [**A**]-Matrix des LCLC-Vierpols ist nachfolgend dargestellt:

$$[\mathbf{A}] = \begin{pmatrix} (s^2LC + 1)^2 + s^2LC & (s^2LC + 1)sL + (s^2LC + 1) \\ s^3LC^2 + 2sC & s^2LC + 1 \end{pmatrix}. \tag{7.9}$$

Die Übertragungsfunktion des Vierpols im Vorwärtsbetrieb kann für den Fall der offenen Klemmen des Ausgangs folgendermaßen berechnet werden:

$$\left(\frac{U_{Aus}}{U_{Ein}}\right) = \frac{1}{A_{11}} = \frac{1}{s^4L^2C^2 + 3s^2LC + 1}. \tag{7.10}$$

Wird der s-Operator durch jω ersetzt, können folglich die Polstellen bestimmt werden. Diese sind für den betrachteten Fall jeweils doppelte Polstellen an den Punkten $\omega_{1,2}$ und $\omega_{3,4}$. In dem Bodediagramm 2.10 sind diese jeweils als Überhöhung in der Amplitude an der entsprechenden Frequenz erkennbar.

$$\omega_{1,2} = 5{,}12 \cdot 10^5 \,\frac{rad}{s} \tag{7.11}$$

$$\omega_{3,4} = 1{,}95 \cdot 10^5 \,\frac{rad}{s} \tag{7.12}$$

Im Vergleich zu der Vereinfachung unterscheidet sich die Übertragungsfunktion des berechneten Vierpols lediglich um den zusätzlichen Term $+s^2LC$. Für kleine Schaltungen mit einer geringen Anzahl an Komponenten ist eine Betrachtung mittels Vierpoltheorie einfach realisierbar. Für größere Schaltungen mit mehr Komponenten erhöht sich die Komplexität und Fehleranfälligkeit stark, weshalb für diese Fälle eine Simulation in MATLAB/Simulink oftmals sinnvoller ist.

7.2 Generierung des Modulationssignals aus der Zweilevel-PWM

In Abb. 7.1 ist exemplarisch dargestellt, wie aus einer Zweilevel-PWM ein Modulationssignal generiert werden kann. Hierfür wird das PWM-Signal in einem ersten Schritt integriert. Das Signal wird vor der Integration entsprechend gewichtet, sodass die Werte in einem gewünschten Bereich liegen. In dem dargestellten Beispiel sind dies Werte von Null bis 100, wobei 100 dem maximal möglichen Modulationsgrad entspricht. Nach der Integration wird zudem ein Flanken-Trigger benötigt, welcher das Weitergeben des finalen Wertes beziehungsweise Löschen des internen Speichers des Integrators definiert. Dieser wird mit der Zweilevel-PWM Frequenz erzeugt. Mit diesem Trigger wird der berechnete Modulationssgrad an den Ausgang des Programmes weitergegeben und kann folglich für weitere Berechnungen verwendet werden. Ein Nachteil dieses Programmes ist, dass ein PWM-Takt benötigt wird, um die Berechnung durchzuführen, was eine zusätzliche Verzögerung in der Regelstrecke implementiert.

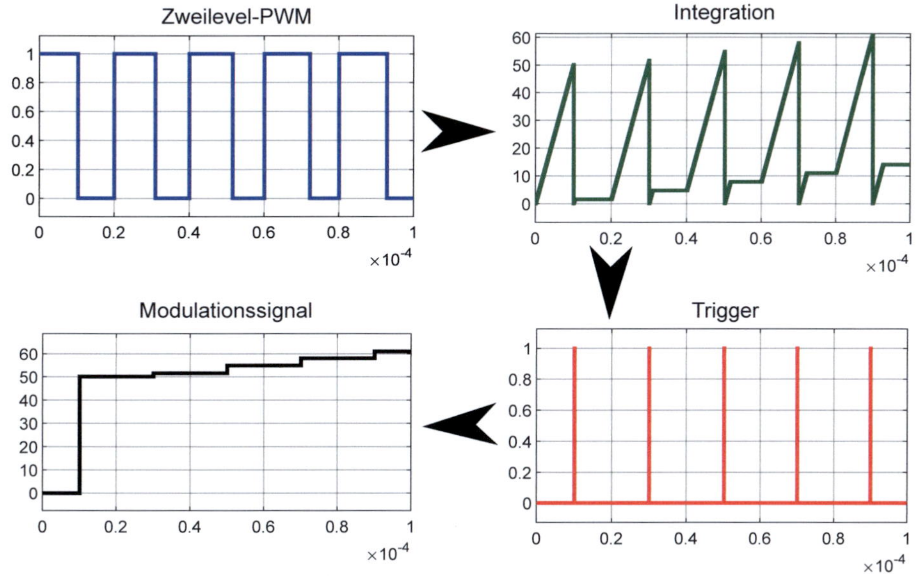

Abbildung 7.1: Prinzipielle Darstellung der Signale des Programmablaufes, die aufzeigt, wie aus der Zweilevel-PWM ein Modulationssignal generiert wird. Dieses Modulationssignal wird anschließend zur Generierung der Neunlevel-PWM genutzt.

Literaturverzeichnis

[1] McGrath, B. P.; Holmes, D. G.: Analytical Modelling of Voltage Balance Dynamics for a Flying Capacitor Multilevel Converter. In: *2007 IEEE Power Electronics Specialists Conference*, 2007, S. 1810–1816

[2] Lidow, Alex (Hrsg.); Strydom, Johan (Hrsg.); Rooij, Michael de (Hrsg.) ; Reusch, David (Hrsg.): *GaN Transistors for Efficient Power Conversion*. John Wiley & Sons Ltd, 2014. `http://dx.doi.org/10.1002/9781118844779`. `http://dx.doi.org/10.1002/9781118844779`

[3] Balakrishnan, Balu: GaN Outperforms Silicon, Enters Mainstream [Expert View]. In: *IEEE Power Electronics Magazine* 8 (2021), Jun., Nr. 2, S. 76–78. `http://dx.doi.org/10.1109/mpel.2021.3075805`. -- DOI 10.1109/mpel.2021.3075805

[4] Lei, Yutian; Barth, Christopher; Qin, Shibin; Liu, Wen chuen; Moon, Intae; Stillwell, Andrew; Chou, Derek; Foulkes, Thomas; Ye, Zichao; Liao, Zitao ; Pilawa-Podgurski, Robert C.: A 2 kW, single-phase, 7-level, GaN inverter with an active energy buffer achieving 216 W/in3 power density and 97.6% peak efficiency. In: *2016 IEEE Applied Power Electronics Conference and Exposition (APEC)*, 2016, S. 1512–1519

[5] Qin, Shibin; Liao, Zitao; Ye, Zichao; Chou, Derek; Brooks, Nathan ; Pilawa-Podgurski, Robert C.: A 99.1 % efficient, 490 W/in3 power density power factor correction front end based on a 7-level flying capacitor multilevel converter. In: *2018 IEEE Applied Power Electronics Conference and Exposition (APEC)*, 2018, S. 729–736

[6] Barth, Christopher B.; Foulkes, Thomas; Chung, Won H.; Modeer, Tomas; Assem, Pourya; Assem, Pourya; Lei, Yutian ; Pilawa-Podgurski, Robert C. N.: Design and control of a GaN-based, 13-level, flying capacitor multilevel inverter. In: *2016 IEEE 17th Workshop on Control and Modeling for Power Electronics (COMPEL)*, 2016, S. 1–6

[7] BARTH, Christopher B.; ASSEM, Pourya; FOULKES, Thomas; CHUNG, Won H.; MODEER, Tomas; LEI, Yutian ; PILAWA-PODGURSKI, Robert C.: Design and Control of a GaN-based, 13-level, Flying Capacitor Multilevel Inverter. In: *IEEE Journal of Emerging and Selected Topics in Power Electronics* 8 (2020), Nr. 3, S. 2179–2191. http://dx.doi.org/10.1109/jestpe.2019.2956166. -- DOI 10.1109/jestpe.2019.2956166

[8] MODEER, Tomas; BARTH, Christopher B.; PALLO, Nathan; CHUNG, Won H.; FOULKES, Thomas ; PILAWA-PODGURSKI, Robert C. N.: Design of a GaN-based, 9-level flying capacitor multilevel inverter with low inductance layout. In: *2017 IEEE Applied Power Electronics Conference and Exposition (APEC)*, 2017, S. 2582–2589

[9] PALLO, Nathan; MODEER, Tomas ; PILAWA-PODGURSKI, Robert C.: Electrically thin approach to switching cell design for flying capacitor multilevel converters. In: *2017 IEEE 5th Workshop on Wide Bandgap Power Devices and Applications (WiPDA)*, 2017, S. 411–416

[10] PALLO, Nathan; FOULKES, Thomas; MODEER, Tomas; CODAY, Samantha ; PILAWA-PODGURSKI, Robert: Power-dense multilevel inverter module using interleaved GaN-based phases for electric aircraft propulsion. In: *2018 IEEE Applied Power Electronics Conference and Exposition (APEC)*, 2018, S. 1656–1661

[11] PALLO, Nathan; KHARANGATE, Chirag; MODEER, Tomas; SCHAADT, Joseph; ASHEGHI, Mehdi; GOODSON, Kenneth ; PILAWA-PODGURSKI, Robert: Modular heat sink for chip-scale GaN transistors in multilevel converters. In: *2018 IEEE Applied Power Electronics Conference and Exposition (APEC)*, 2018, S. 2798–2805

[12] PALLO, Nathan; CODAY, Samantha; SCHAADT, Joseph; ASSEM, Pourya ; PILAWA-PODGURSKI, Robert C. N.: A 10-Level Flying Capacitor Multi-Level Dual-Interleaved Power Module for Scalable and Power-Dense Electric Drives. In: *2020 IEEE Applied Power Electronics Conference and Exposition (APEC)*, 2020, S. 893–898

[13] ANDERSON, J. A.; HANAK, E. J.; SCHRITTWIESER, L.; KOLAR, J. W. ; DEBOY, G.: Towards a 99.5% Efficient All-Silicon Three-Phase Seven-Level Hybrid Active Neutral Point Clamped Inverter. In: *2018 IEEE International Power Electronics and Application Conference and Exposition (PEAC)*, 2018, S. 1–7

[14] ANDERSON, Jon A.; ZULAUF, Grayson; PAPAMANOLIS, Panteleimon; HOBI, Simon; MIRIC, Spasoje ; KOLAR, Johann W.: Three Levels Are Not Enough: Scaling Laws for Multilevel Converters in AC/DC Applications. In: *IEEE Transactions on Power Electronics* 36 (2021), Apr., Nr. 4, S. 3967–3986. http://dx.doi.org/10.1109/tpel.2020.3018857. -- DOI 10.1109/tpel.2020.3018857

[15] YOSCOVICH, Ilan; GLOVINSKY, Tzachi; SELLA, Guy ; GALIN, Yoav: *Multi-level inverter with flying capacitor topology.* 2014 US9318974B2

[16] SIEMENS: *SINAMICS S120 Leistungsteile Booksize Gerätehandbuch.* Siemens, Jun 2020. -- 6SL3097-5AC00-0AP3

[17] MEYNARD, T.A.; FOCH, H.: Multi-level conversion: high voltage choppers and voltage-source inverters. In: *PESC '92 Record. 23rd Annual IEEE Power Electronics Specialists Conference*, 1992, S. 397–403

[18] MEYNARDS, Thierry: *Analysis and Design of Multicell DC/DC Converters Using Vectorized Models.* John Wiley & Sons, Inc., 2015. http://dx.doi.org/10.1002/9781119081371. http://dx.doi.org/10.1002/9781119081371

[19] JIAO, Da; HUANG, Qingyun ; HUANG, Alex Q.: Evaluation of Medium Voltage SiC Flying Capacitor Converter and Modular Multilevel Converter. In: *2020 IEEE Energy Conversion Congress and Exposition (ECCE)*, 2020, S. 4386–4392

[20] LAI, Jih-Sheng; PENG, Fang Z.: Multilevel converters-a new breed of power converters. In: *IEEE Transactions on Industry Applications* 32 (1996), Nr. 3, S. 509–517. http://dx.doi.org/10.1109/28.502161. -- DOI 10.1109/28.502161

[21] KOLAR, J. W.; BIELA, Juergen; WAFFLER, Stefan; FRIEDLI, Thomas ; BADSTUEBNER, Uwe: Performance trends and limitations of power electronic systems. In: *2010 6th International Conference on Integrated Power Electronics Systems*, 2010, S. 1–20

[22] HARTWIG, Raphael; HENSLER, Alexander ; ELLINGER, Thomas: Volume and efficiency optimization of an industrial flying capacitor GaN multilevel inverter. In: *PCIM Europe digital days 2020; International Exhibition and Conference for Power Electronics, Intelligent Motion, Renewable Energy and Energy Management*, 2020, S. 1–5

[23] SATO, Yukihiko; IIMURA, Miki; DODO, Yuki ; OBARA, Hidemine: A study on minimum required capacitance in flying capacitor multilevel converters for

grid-connected applications. In: *2015 IEEE Energy Conversion Congress and Exposition (ECCE)*, 2015, S. 3502–3507

[24] MOCHIDATE, Sae; SATO, Yukihiko; ITO, Tomotake ; OBARA, Hidemine: Total volume reduction of passive components in Grid-connected converters by introducing flying capacitor multilevel topology. In: *2017 IEEE 3rd International Future Energy Electronics Conference and ECCE Asia (IFEEC 2017 - ECCE Asia)*, 2017, S. 551–555

[25] ANDERSON, J. A.; SCHRITTWIESER, L.; LEIBL, M. ; KOLAR, J. W.: Multi-level topology evaluation for ultra-efficient three-phase inverters. In: *2017 IEEE International Telecommunications Energy Conference (INTELEC)*, 2017, S. 456–463

[26] KOLAR, J.W.; DROFENIK, U.; MINIBOCK, J. ; ERTL, H.: A new concept for minimizing high-frequency common-mode EMI of three-phase PWM rectifier systems keeping high utilization of the output voltage. In: *APEC 2000. Fifteenth Annual IEEE Applied Power Electronics Conference and Exposition (Cat. No.00CH37058)* Bd. 1, 2000, S. 519–527

[27] PAAP, G.C.: Symmetrical components in the time domain and their application to power network calculations. In: *IEEE Transactions on Power Systems* 15 (2000), Mai, Nr. 2, S. 522–528. `http://dx.doi.org/10.1109/59.867135`. -- DOI 10.1109/59.867135

[28] KOLAR, J.; KRISMER, F.; LOBSIGER, Y.; MUHLETHALER, J.; NUSSBAUMER, T. ; MINIBOCK, J.: Extreme efficiency power electronics. In: *2012 7th International Conference on Integrated Power Electronics Systems (CIPS)*, 2012, S. 1–22

[29] WEISSGERBER, Wilfried: *Elektrotechnik für Ingenieure - Formelsammlung*. Springer-Verlag GmbH, 2018 `https://www.ebook.de/de/product/33384702/wilfried_weissgerber_elektrotechnik_fuer_ingenieure_formelsammlung.html`. -- ISBN 9783658218171

[30] MONDAL, G.; ROBINSON, J. ; FINKENZELLER, M.: Modeling and Design of Common Mode and Differential Mode Filter for PWM Converters. In: *2019 10th International Conference on Power Electronics and ECCE Asia (ICPE 2019 - ECCE Asia)*, 2019, S. 2191–2198

[31] BRANDELERO, J.; COUGO, B.; MEYNARD, T. ; VIDEAU, N.: A non-intrusive method for measuring switching losses of GaN power transistors. In: *IECON*

2013 - 39th Annual Conference of the IEEE Industrial Electronics Society, 2013, S. 246–251

[32] BURKART, Ralph M.; KOLAR, Johann W.: Comparative Life Cycle Cost Analysis of Si and SiC PV Converter Systems Based on Advanced η-ρ-σ Multiobjective Optimization Techniques. In: *IEEE Transactions on Power Electronics* 32 (2017), Jun., Nr. 6, S. 4344–4358. `http://dx.doi.org/10.1109/tpel.2016.2599818`. -- DOI 10.1109/tpel.2016.2599818

[33] WINTRICH, Arendt; NICOLAI, Ulrich; TURSKY, Werner ; REIMANN, Tobias: *Applikationshandbuch Leistungshalbleiter*. ISLE Steuerungstechnik und Leistungselektronik, 2015. -- ISBN 9783938843857

[34] BOWES, S.R.; BIRD, B.M.: Novel approach to the analysis and synthesis of modulation processes in power convertors. In: *Proceedings of the Institution of Electrical Engineers* 122 (1975), Nr. 5, S. 507. `http://dx.doi.org/10.1049/piee.1975.0141`. -- DOI 10.1049/piee.1975.0141

[35] WILKINSON, Richardt H.; MEYNARD, Thierry A. ; TOIT MOUTON, Hendrik du: Natural Balance of Multicell Converters: The General Case. In: *IEEE Transactions on Power Electronics* 21 (2006), Nov., Nr. 6, S. 1658–1666. `http://dx.doi.org/10.1109/tpel.2006.882951`. -- DOI 10.1109/tpel.2006.882951

[36] WILKINSON, Richardt H.; MEYNARD, Thierry A. ; TOIT MOUTON, Hendrik du: Natural Balance of Multicell Converters: The Two-Cell Case. In: *IEEE Transactions on Power Electronics* 21 (2006), Nov., Nr. 6, S. 1649–1657. `http://dx.doi.org/10.1109/tpel.2006.882958`. -- DOI 10.1109/tpel.2006.882958

[37] MCGRATH, B.P.; HOLMES, D.G.: Analytical Modelling of Voltage Balance Dynamics for a Flying Capacitor Multilevel Converter. In: *IEEE Transactions on Power Electronics* 23 (2008), Mär., Nr. 2, S. 543–550. `http://dx.doi.org/10.1109/tpel.2007.915175`. -- DOI 10.1109/tpel.2007.915175

[38] MCGRATH, Brendan P.; HOLMES, Donald G.: Natural capacitor voltage balancing for a flying capacitor converter induction motor drive. In: *2008 IEEE Power Electronics Specialists Conference*, 2008, S. 1681–1687

[39] MCGRATH, B.P.; HOLMES, D.G.: Analytical Determination of the Capacitor Voltage Balancing Dynamics for Three-Phase Flying Capacitor Converters. In: *IEEE Transactions on Industry Applications* 45 (2009), Jul., Nr.

4, S. 1425–1433. http://dx.doi.org/10.1109/tia.2009.2023480. -- DOI 10.1109/tia.2009.2023480

[40] McGrath, Brendan P.; Holmes, Donald G.: Natural Capacitor Voltage Balancing for a Flying Capacitor Converter Induction Motor Drive. In: *IEEE Transactions on Power Electronics* 24 (2009), Nr. 6, S. 1554–1561. http://dx.doi.org/10.1109/tpel.2009.2016567. -- DOI 10.1109/tpel.2009.2016567

[41] Michel, Manfred: *Leistungselektronik.* Springer-Verlag GmbH, 2011 https://www.ebook.de/de/product/16204003/manfred_michel_leistungselektronik.html. -- ISBN 9783642159848

[42] Chen, Zheng; Boroyevich, Dushan; Mattavelli, Paolo ; Ngo, Khai: A frequency-domain study on the effect of DC-link decoupling capacitors. In: *2013 IEEE Energy Conversion Congress and Exposition*, 2013, S. 1886–1893

[43] Sun, Bainan; Jorgensen, Kasper L.; Zhang, Zhe ; Andersen, Michael A. E.: Multi-physic Analysis for GaN Transistor PCB Layout. In: *2019 IEEE Applied Power Electronics Conference and Exposition (APEC)*, 2019, S. 3407–3413

[44] Sun, Bainan; Zhang, Zhe ; Andersen, Michael A.: Research of Low Inductance Loop Design in GaN HEMT Application. In: *IECON 2018 - 44th Annual Conference of the IEEE Industrial Electronics Society*, 2018, S. 1466–1470

[45] Chen, Yang; Chen, Guozhu ; Smedley, K.: Analysis and measurement of small inductance of loops and vias on printed circuit board. In: *IECON'03. 29th Annual Conference of the IEEE Industrial Electronics Society (IEEE Cat. No.03CH37468)* Bd. 2, 2003, S. 1661–1666

[46] Valchev, Vencislav C.; Bossche, Alex V.: *Inductors and Transformers for Power Electronics.* CRC Press, 2018. http://dx.doi.org/10.1201/9781420027280. http://dx.doi.org/10.1201/9781420027280

[47] Albach, Manfred: *Induktivitäten in der Leistungselektronik.* Springer Fachmedien Wiesbaden, 2017. http://dx.doi.org/10.1007/978-3-658-15081-5. http://dx.doi.org/10.1007/978-3-658-15081-5

[48] Wang, Kangping; Wang, Laili; Yang, Xu; Zeng, Xiangjun; Chen, Wenjie ; Li, Hongchang: A Multiloop Method for Minimization of Parasitic Inductance in GaN-Based High-Frequency DC–DC Converter. In: *IEEE Transactions on Power Electronics* 32 (2017), Jun., Nr. 6, S. 4728–4740. http://dx.doi.org/10.1109/tpel.2016.2597183. -- DOI 10.1109/tpel.2016.2597183

[49] HASHIMOTO, T.; KAWASHIMA, T.; UNO, T.; AKIYAMA, N.; MATSUURA, N. ; AKAGI, H.: A System-in-Package (SiP) With Mounted Input Capacitors for Reduced Parasitic Inductances in a Voltage Regulator. In: *IEEE Transactions on Power Electronics* 25 (2010), Mär., Nr. 3, S. 731–740. `http://dx.doi.org/10.1109/tpel.2009.2033188`. -- DOI 10.1109/tpel.2009.2033188

[50] REUSCH, David; STRYDOM, Johan: Understanding the Effect of PCB Layout on Circuit Performance in a High-Frequency Gallium-Nitride-Based Point of Load Converter. In: *IEEE Transactions on Power Electronics* 29 (2014), Apr., Nr. 4, S. 2008–2015. `http://dx.doi.org/10.1109/tpel.2013.2266103`. -- DOI 10.1109/tpel.2013.2266103

[51] IMRE, T.G.; CRONJE, W.A.; WYK, J.D. van; FERREIRA, J.A. ; MORS, W.: An experimental method for low power loss determination. In: *1999 IEEE Africon. 5th Africon Conference in Africa (Cat. No.99CH36342)* Bd. 2, 1999, S. 593–598

[52] XIAO, Chucheng; CHEN, Gang ; ODENDAAL, Willem G. H.: Overview of Power Loss Measurement Techniques in Power Electronics Systems. In: *IEEE Transactions on Industry Applications* 43 (2007), Nr. 3, S. 657–664. `http://dx.doi.org/10.1109/tia.2007.895730`. -- DOI 10.1109/tia.2007.895730

[53] ANDERSON, Jon A.; GAMMETER, Christoph; SCHRITTWIESER, Lukas ; KOLAR, Johann W.: Accurate Calorimetric Switching Loss Measurement for 900 V 10 mΩ SiC mosfets. In: *IEEE Transactions on Power Electronics* 32 (2017), Dez., Nr. 12, S. 8963–8968. `http://dx.doi.org/10.1109/tpel.2017.2701558`. -- DOI 10.1109/tpel.2017.2701558

[54] ROTHMUND, Daniel; BORTIS, Dominik ; KOLAR, Johann W.: Accurate Transient Calorimetric Measurement of Soft-Switching Losses of 10-kV SiC mosfets and Diodes. In: *IEEE Transactions on Power Electronics* 33 (2018), Jun., Nr. 6, S. 5240–5250. `http://dx.doi.org/10.1109/tpel.2017.2729892`. -- DOI 10.1109/tpel.2017.2729892

[55] LI, He; LI, Xiao; ZHANG, Zhangda; WANG, Jin; LIU, Liming ; BALA, Sandeep: A simple calorimetric technique for high-efficiency GaN inverter transistor loss measurement. In: *2017 IEEE 5th Workshop on Wide Bandgap Power Devices and Applications (WiPDA)*, 2017, S. 251–256

[56] LI, Rui; WU, Xinke; YANG, Shu ; SHENG, Kuang: Dynamic on-State Resistance Test and Evaluation of GaN Power Devices Under Hard- and Soft-Switching

Conditions by Double and Multiple Pulses. In: *IEEE Transactions on Power Electronics* 34 (2019), Feb., Nr. 2, S. 1044–1053. http://dx.doi.org/10.1109/tpel.2018.2844302. -- DOI 10.1109/tpel.2018.2844302

[57] Li, Rui; Wu, Xinke; Xie, Gang ; Sheng, Kuang: Dynamic on-state resistance evaluation of GaN devices under hard and soft switching conditions. In: *2018 IEEE Applied Power Electronics Conference and Exposition (APEC)*, 2018, S. 898–903

[58] Foulkes, Thomas; Modeer, Tomas ; Pilawa-Podgurski, Robert C. N.: Quantifying Dynamic On-State Resistance of GaN HEMTs for Power Converter Design via a Survey of Low and High Voltage Devices. In: *IEEE Journal of Emerging and Selected Topics in Power Electronics* 9 (2021), Nr. 4, S. 4036–4049. http://dx.doi.org/10.1109/JESTPE.2020.3024930. -- DOI 10.1109/JESTPE.2020.3024930

[59] Hartwig, Raphael; Hensler, Alexander ; Ellinger, Thomas: Transient Behavior of an 800 kHz Nine Level Single-Phase Flying Capacitor GaN Multilevel Inverter. In: *PCIM Europe digital days 2021; International Exhibition and Conference for Power Electronics, Intelligent Motion, Renewable Energy and Energy Management*, 2021, S. 1–8

[60] Hartwig, Raphael; Hensler, Alexander; Ellinger, Thomas; Ag, Siemens ; Ilmenau, Tu: EMI Filter for a Three-Phase 800 kHz Nine-Level Flying Capacitor GaN Multilevel Inverter. In: *2021 23rd European Conference on Power Electronics and Applications (EPE'21 ECCE Europe)*, 2021, S. 1–10

[61] Hartwig, Raphael; Hensler, Alexander; Ellinger, Thomas ; Primas, Carina: Reduced Parasitics Leading to a 99.2 % Efficient Single-Phase Nine-Level Inverter at a Switching Frequency of 800 kHz. In: *2021 IEEE Applied Power Electronics Conference and Exposition (APEC)*, 2021, S. 809–816

[62] Han, Di; Li, Silong; Wu, Yujiang; Choi, Wooyoung ; Sarlioglu, Bulent: Comparative Analysis on Conducted CM EMI Emission of Motor Drives: WBG Versus Si Devices. In: *IEEE Transactions on Industrial Electronics* 64 (2017), Okt., Nr. 10, S. 8353–8363. http://dx.doi.org/10.1109/tie.2017.2681968. -- DOI 10.1109/tie.2017.2681968

[63] Ali, Mohammad; Muller, Jan-Kaspar; Friebe, Jens ; Mertens, Axel: Analysis of Switching Performance and EMI Emission of SiC Inverters under the Influence

of Parasitic Elements and Mutual Couplings of the Power Modules. In: *2020 22nd European Conference on Power Electronics and Applications (EPE'20 ECCE Europe)*, 2020, S. 1–10

[64] Wu, Yingzhe; Yin, Shan; Li, Hui ; Dong, Minghai: Modeling and Experimental Investigation of Electromagnetic Interference (EMI) for SiC-Based Motor Drive. In: *Energies* 13 (2020), Okt., Nr. 19, S. 5173. `http://dx.doi.org/10.3390/en13195173`. -- DOI 10.3390/en13195173

[65] Wu, Yingzhe; Yin, Shan; Li, Hui ; Ma, Wenjie: Impact of *RC* Snubber on Switching Oscillation Damping of SiC MOSFET With Analytical Model. In: *IEEE Journal of Emerging and Selected Topics in Power Electronics* 8 (2020), Mär., Nr. 1, S. 163–178. `http://dx.doi.org/10.1109/jestpe.2019.2953272`. -- DOI 10.1109/jestpe.2019.2953272

[66] Wang, Shuo; Lee, Fred. C.: Common-Mode Noise Reduction for Power Factor Correction Circuit With Parasitic Capacitance Cancellation. In: *IEEE Transactions on Electromagnetic Compatibility* 49 (2007), Aug., Nr. 3, S. 537–542. `http://dx.doi.org/10.1109/temc.2007.902191`. -- DOI 10.1109/temc.2007.902191

[67] Papamanolis, Panteleimon; Neumayr, Dominik ; Kolar, Johann W.: Behavior of the flying capacitor converter under critical operating conditions. In: *2017 IEEE 26th International Symposium on Industrial Electronics (ISIE)*, 2017, S. 628–635

[68] Thielemans, Steven; Ruderman, Alex ; Melkebeek, Jan: Self-precharge in single-leg flying capacitor converters. In: *2009 35th Annual Conference of IEEE Industrial Electronics*, 2009, S. 812–817